BestMasters

Mit „BestMasters" zeichnet Springer die besten Masterarbeiten aus, die an renommierten Hochschulen in Deutschland, Österreich und der Schweiz entstanden sind. Die mit Höchstnote ausgezeichneten Arbeiten wurden durch Gutachter zur Veröffentlichung empfohlen und behandeln aktuelle Themen aus unterschiedlichen Fachgebieten der Naturwissenschaften, Psychologie, Technik und Wirtschaftswissenschaften.

Die Reihe wendet sich an Praktiker und Wissenschaftler gleichermaßen und soll insbesondere auch Nachwuchswissenschaftlern Orientierung geben.

Moritz Berger

Boosting-Techniken zur Modellierung itemmodifizierender Effekte

Eine Erweiterung klassischer Item-Response-Modelle

Moritz Berger
München, Deutschland

BestMasters
ISBN 978-3-658-08704-3 ISBN 978-3-658-08705-0 (eBook)
DOI 10.1007/978-3-658-08705-0

Die Deutsche Nationalbibliothek verzeichnet diese Publikation in der Deutschen Nationalbibliografie; detaillierte bibliografische Daten sind im Internet über http://dnb.d-nb.de abrufbar.

Springer Spektrum

Gedruckt auf säurefreiem und chlorfrei gebleichtem Papier

Springer Fachmedien Wiesbaden ist Teil der Fachverlagsgruppe Springer Science+Business Media
(www.springer.com)

Zusammenfassung

Das binäre Rasch-Modell ist eines der bekanntesten Item-Response-Modelle. Anwendung findet es in der Psychologie bei der Auswertung von Intelligenztests. Grundannahme des Modells ist, dass die Wahrscheinlichkeit für die korrekte Beantwortung eines Testitems genau von zwei Parametern abhängt. Der erste Parameter steht für die Fähigkeit der Person und der zweite Parameter für die Schwierigkeit des Items. Unterscheidet sich die Wahrscheinlichkeit für eine korrekte Antwort für Personen aus unterschiedlichen Subgruppen mit derselben Fähigkeit, spricht man von Differential Item Functioning.
Die vorliegende Arbeit beschäftigt sich mit einer Erweiterung des binären Rasch-Modells um itemmodifizierende Effekte. Mithilfe itemmodifizierender Effekte kann der Einfluss von Kovariablen auf die Beantwortung von Testitems berücksichtigt werden. Eine regularisierte Schätzung der Modelle wird mithilfe von Boosting umgesetzt. In einer Simulationsstudie wird untersucht, wie gut sich das Boosting-Verfahren eignet, um Items mit itemmodifizierenden Effekten korrekt zu bestimmen. Eine Selektion der relevanten Parameter wird bei der Boosting-Schätzung durch frühzeitiges Stoppen des Algorithmus realisiert. Die optimale Anzahl an Iterationen wird mithilfe eines BIC bestimmt. Die Selektionsergebnisse der Simulation sind sehr gut, falls die Anzahl an Freiheitsgraden der Modelle über die Spur der Hat-Matrix bestimmt wird. Durch Hinzunahme einer zusätzlichen Threshold-Regel können diese nochmals deutlich verbessert werden.
Eine Problematik bei der Durchführung der Analysen ist der mit guten Selektionsergebnissen verbundene Rechenaufwand. Ist die Anzahl an Items des Modells zu groß, kann die Spur der Hat-Matrix mit den zur Verfügung stehenden Rechen- und Speicherkapazitäten nicht mehr berechnet werden. Dies ist auch im Anwendungsbeispiel der Fall.

Inhaltsverzeichnis

Notation

Verwendete griechische Buchstaben

Buchstabe	Bedeutung
θ	Personen-Parameter (Fähigkeit)
β	Item-Parameter (Schwierigkeit)
γ	Itemmodifizierende Effekte
δ	Vektor der Modell-Parameter,
	Regressionskoeffizient der Basis-Methode
α	Koeffizienten der linearen und logistischen Regression
η	Lineare Prädiktoren
π	Bedingte und absolute Wahrscheinlichkeiten
ρ	Verlustfunktion
ν	Verhältnis-Faktor, Schrittlänge
σ	Standardabweichung des Fehlerterms,
	Geschätzte Standardabweichungen
ϵ	Fehler der linearen Regression
ξ	Exponentieller Personen-Parameter $\exp(\theta)$
λ	Exponentieller Item-Parameter $\exp(\beta)$
ζ	Verhältnis $\frac{\xi}{\lambda}$
χ	χ^2-Verteilung

Verwendete Indizes

Buchstabe	Bedeutung
$i = 1, \ldots, I$	Items
$p = 1, \ldots, P$	Personen
$q = 1, \ldots, Q$	Kovariablen
$m = 1, \ldots, m_{\text{stop}}$	Boosting-Iterationen
$J = P + 2 \cdot I - 1$	Anzahl an Parametern des Modells (2.11)
$N = P \cdot I$	Anzahl an Beobachtungen

1 Einleitung

In unterschiedlichen Situationen des Alltags finden psychologische Tests Anwendung. Ziel ist es unter anderem, Aussagen über die Ausprägung bestimmter Persönlichkeitsmerkmale von Personen zu treffen. Gerade in der Psychologie ist es nicht einfach, die zu messenden Eigenschaften in Zahlen zu fassen, da es sich um latente, d.h. nicht beobachtbare Merkmale handelt. Aufschluss über die interessierenden Größen soll die Beantwortung mehrerer Aufgaben eines psychologischen Tests geben [Strobl, 2010]. Im Folgenden werden die Aufgaben eines solchen Tests immer mit Items bezeichnet.

Bei einem Intelligenztest wird beispielsweise erfasst, wie viele Items eine Testperson richtig gelöst hat. Als Ergebnis erhält die jeweilige Person eine Schätzung ihrer Fähigkeit [Strobl, 2010]. Das wohl bekannteste statistische Modell zur Auswertung der Ergebnisse solcher Intelligenztests ist das Rasch-Modell [Rasch, 1960]. Dieses ist ein Vertreter der probabilistischen Testtheorie bzw. Item-Response-Theorie (IRT). Die IRT umfasst eine Familie von mathematischen Messmodellen, welche postulieren, dass den beobachtbaren manifesten Daten (hier die Antworten auf Testitems) latente Variablen wie z.B. Eigenschaften oder Fähigkeiten der Personen zugrunde liegen, die das Testverhalten steuern [Rost und Spada, 1982].

1.1 Gegenstand der Arbeit

Geht man in einer Testsituation davon aus, dass das Rasch-Modell Gültigkeit besitzt, so ist die Wahrscheinlichkeit für die richtige Beantwortung eines Testitems für alle Personen mit derselben Fähigkeit exakt gleich. Falls dies nicht erfüllt ist und die Wahrscheinlichkeit für die richtige Beantwortung bestimmter Testitems für Personen verschiedene Subgruppen mit derselben Fähigkeit unterschiedlich ist, spricht man von „Differential

Item Functioning“ (DIF) [Osterlind und Everson, 2009]. Differential Item Functioning tritt beispielsweise dann auf, wenn ein Item für eine Gruppe eines der schwierigsten und für eine andere Gruppe eines der leichtesten Items darstellt. Differential Item Functioning heißt aber nicht einfach, dass ein Item für eine Gruppe schwerer zu lösen ist als für eine andere. Bestehen nämlich grundsätzliche Wissensunterschiede, z.B. zwischen Gruppen von Studenten, werden diese im gesamten Test besser bzw. schlechter abschneiden. DIF ist also vorhanden, falls ein Item für eine Gruppe wesentlich schwerer zu beantworten ist als für eine andere Gruppe, nachdem der allgemeine Wissensunterschied über die Thematik des Tests berücksichtigt wurde. Typische Variablen zur Untersuchung von Subgruppeneffekten sind Rasse, Religion und Geschlecht [Osterlind und Everson, 2009].

Die vorliegende Arbeit beschäftigt sich mit einer Erweiterung des klassischen Rasch-Modells zur Berücksichtigung des Differential Item Functioning. Dies wird durch die Hinzunahme sogenannter „itemmodifizierender Effekte“ erreicht. Hauptziel der Analysen ist es herauszufinden, für welche Items itemmodifizierende Effekte vorhanden sind, d.h. welche Items in verschiedenen Subgruppen unterschiedlich beantwortet werden. Des Weiteren ist von Interesse, welches die relevanten Subgruppen-Variablen sind, für die itemmodifizierende Effekte vorhanden sind.

Um bei der Schätzung der vorgestellten Modelle die gewünschte Variablenselektion zu erzielen und dem Problem der großen Anzahl zu schätzender Parameter vorzubeugen, ist eine gewöhnliche Maximum-Likelihood-Schätzung nicht umsetzbar. Inhalt der Arbeit ist die Schätzung der Modelle mithilfe von Boosting. Dies ist eine Möglichkeit, mit der regularisierte Maximum-Likelihood-Schätzungen durchgeführt werden können. Einen alternativen Ansatz durch penalisierte Maximum-Likelihood Schätzung untersuchen Tutz und Schauberger [2013]. Ein Großteil der theoretischen Ausführungen in Kapitel 2, unter anderem die Einbettung der betrachteten Modelle in das Framework der generalisierten Regressionsmodelle, basiert auf den Vorarbeiten von Tutz und Schauberger [2013]. Die Stärke dieser Betrachtungsweise ist, dass die Variablen, für welche itemmodifizierende Effekte untersucht werden, nicht nur binär oder kategorial, sondern auch stetig sein können und, dass die Anzahl an Variablen beliebig groß sein kann.

1.2 Gleichmäßiges und ungleichmäßiges DIF

Im Zusammenhang mit itemmodifizierenden Effekten gilt es im Allgemeinen zwei Konzepte zu unterscheiden. Itemmodifizierende Effekte können entweder gleichmäßig oder ungleichmäßig vorliegen. Unter einem itemmodifizierenden Effekt versteht man den Unterschied der Wahrscheinlichkeit einer korrekten Antwort auf ein Testitem zwischen Personen verschiedener Subgruppen mit derselben Fähigkeit. Falls dieser Unterschied unabhängig von der Fähigkeit der Personen immer gleich ist, spricht man von „gleichmäßigem“ DIF. Ist dieser Unterschied nicht konstant, sondern von der Fähigkeit der Person abhängig, so spricht man von „ungleichmäßigem“ DIF [Osterlind und Everson, 2009]. Abbildung 1.1 visualisiert die beiden unterschiedlichen Effekte beispielhaft für den einfachen Vergleich zweier Gruppen. Die eingezeichneten Kurven ergeben sich bei Modellierung der Wahrscheinlichkeiten durch ein logistisches Regressionsmodell. In Abbildung 1.1 sind diese rein qualitativ zur Verdeutlichung der beschriebenen Effekte dargestellt.

In der linken Graphik in Abbildung 1.1 sieht man, dass die Wahrscheinlichkeit für eine korrekte Antwort in Gruppe 2 immer höher ist als in Gruppe 1. In der rechten Graphik hingegen schneiden sich die beiden Kurven. Unter den Personen mit geringeren Fähigkeiten ist die Wahrscheinlichkeit einer

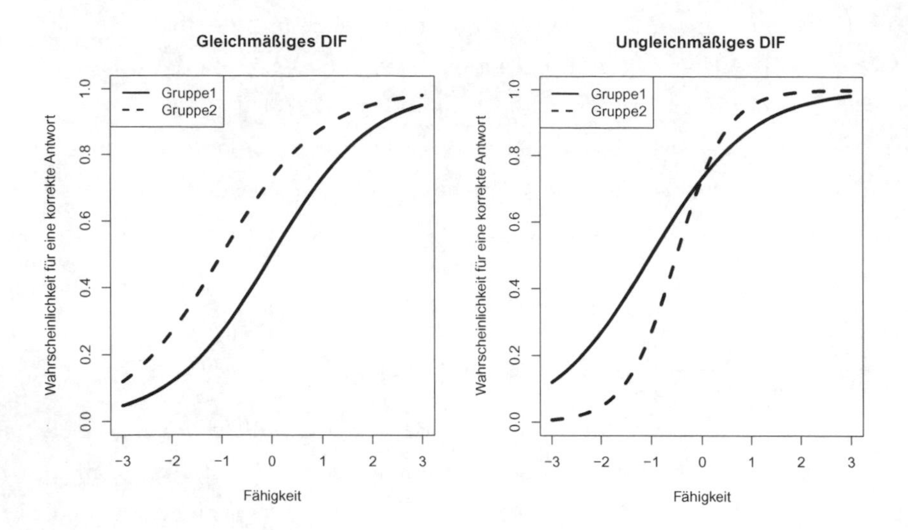

Abb. 1.1: Wahrscheinlichkeit für die richtige Beantwortung einer Frage in Abhängigkeit der Fähigkeit der Person. Unterschieden werden gleichmäßige Effekte (links) und ungleichmäßige Effekte (rechts).

richtigen Antwort in Gruppe 1 höher als in Gruppe 2. Unter den Personen mit höheren Fähigkeiten ist dies genau umgekehrt.

Anhand der Item-Response-Modelle, die Gegenstand der Arbeit sind (Kapitel 2), können nur gleichmäßige itemmodifizierende Effekte modelliert werden. Die Unterschiede zwischen den Subgruppen sind für alle Personen, unabhängig von ihrer Fähigkeit, immer gleich.

1.3 Aufbau der Arbeit

In Kapitel 2 werden die in der Arbeit betrachteten Modelle, insbesondere das Rasch-Modell mit itemmodifizierenden Effekten, vorgestellt. Entscheidend für die Schätzung der Modelle ist die Einbettung in das Framework

der generalisierten Regressionsmodelle.
Kapitel 3 führt in die Theorie des Boosting ein und erläutert im Besonderen die Vorgehensweise für das Rasch-Modell mit itemmodifizierenden Effekten. An entsprechenden Stellen wird auch auf die praktische Umsetzung mit statistischer Software eingegangen.
In Kapitel 4 werden alternative Schätzverfahren eingeführt, die sich ebenfalls zur Modellierung itemmodifizierender Effekte eignen.
Kapitel 5 beinhaltet eine Simulationsstudie, in der untersucht wird, wie gut die Boosting-Methode zur Modellierung relevanter itemmodifizierender Effekte geeignet ist.
Abschließend enthält Kapitel 6 zwei Anwendungsbeispiele, an denen die Schätzung mithilfe von Boosting praktisch umgesetzt wird. Anhand der Simulationsergebnisse aus Kapitel 5 kann Rückschluss auf die Güte der Schätzung gezogen werden.

Alle Analysen, die in der Arbeit vorgestellt werden, wurden mit der Software `R` durchgeführt [R Core Team, 2013]. Anhang B enthält eine Übersicht der erstellten Ordnerstruktur, in der die erzeugten Source-Dateien („.R“) und die Ergebnisse der Analysen („.RData“) gespeichert wurden.
In den mathematischen Formeln und Ausdrücken der Arbeit sind Vektoren klein und fett markiert (z.B. $\boldsymbol{\gamma}$) und Matrizen groß und fett markiert (z.B. $\boldsymbol{Z}$), um diese von Skalaren und Funktionen zu unterscheiden.

2 Item-Response-Modellierung

Grundlage für die der Arbeit vorliegenden Modelle sind die Konzepte von Georg Rasch zur Auswertung von Intelligenztests [Rasch, 1960]. Seine initiale Idee ist, dass das Ergebnis eines Intelligenztests einer Person nur von zwei Komponenten abhängt, nämlich einem Faktor für die Fähigkeit der Person und einem Faktor für die Schwierigkeit des Tests. In dieser Arbeit wird jeweils die Schwierigkeit einzelner Testitems betrachtet.
Beide von Rasch identifizierten Komponenten werden durch latente Parameter ausgedrückt, die nur relativ zu einem festgelegten Referenzwert interpretiert werden können. Im Kapitel „A structural model for items of a test" stellt Rasch [Rasch, 1960] Überlegungen an, wie man die Messungen für die Personen-Fähigkeit und die Item-Schwierigkeit auf einer Verhältnisskala ausdrücken kann.

2.1 Das klassische Rasch-Modell

Sei ξ der Parameter für die Fähigkeit der Person und λ der Parameter für die Schwierigkeit des Items eines Tests, so gelte für zwei Personen und zwei Items folgende Relation:

$$\left.\begin{aligned} \xi_1 &= \nu\xi_2 \\ \lambda_1 &= \nu\lambda_2 \end{aligned}\right\} \Rightarrow \frac{\xi_1}{\lambda_1} = \frac{\xi_2}{\lambda_2} \tag{2.1}$$

Inhaltlich bedeutet Gleichung (2.1), dass sich sowohl die Fähigkeit von Person 1 und Person 2 als auch die Schwierigkeit von Item 1 und Item 2 um den Faktor ν unterscheidet. Die Wahrscheinlichkeit, dass Person 1 Item 1 löst, ist also genauso groß wie die Wahrscheinlichkeit, dass Person 2 Item 2 löst [Rasch, 1960].
Damit obige Aussage als gültig angesehen werden kann, sollten die Relationen (2.1) auch auf alle weiteren Items und alle anderen Personen übertrag-

bar sein. Sei $\nu > 1$, dann sollte Person 1 bei allen Items um den Faktor ν besser abschneiden als Person 2, und Item 1 sollte für alle Personen um den Faktor ν schwieriger sein als Item 2. Es ist somit sinnvoll, die Wahrscheinlichkeit, dass eine Person ein Item korrekt löst, als Funktion des Verhältnisses $\zeta = \frac{\xi}{\lambda}$ zu modellieren [Rasch, 1960]. Um Personen jeder Fähigkeit und Items jeder Schwierigkeit zu berücksichtigen, sollte der Wertebereich von ζ zwischen 0 und $+\infty$ liegen. Eine Transformation von ζ in den Wertebereich zwischen 0 und 1 ist die naheliegende Transformation [Rasch, 1960]:

$$\frac{\zeta}{1+\zeta} = \frac{\xi}{\xi+\lambda} \in (0,1), \text{ falls } \zeta \in (0,+\infty) \tag{2.2}$$

Für die Wahrscheinlichkeit π_{pi}, dass Person p Item i korrekt löst, gilt dann:

$$\pi_{pi} = \frac{\xi_p}{\xi_p + \lambda_i} \Leftrightarrow \log\left(\frac{\pi_{pi}}{1-\pi_{pi}}\right) = \log(\xi_p) - \log(\lambda_i) \tag{2.3}$$

Die rechte Seite von Gleichung (2.3) entspricht dem bekannten binären Rasch-Modell. Sei $y_{pi} \in \{0,1\}$ der Indikator, ob Person p Item i korrekt löst, so gilt für dessen Wahrscheinlichkeit [Strobl, 2010]:

$$\pi_{pi} = P(y_{pi} = 1|\theta_p, \beta_i) = \frac{\exp(\theta_p - \beta_i)}{1 + \exp(\theta_p - \beta_i)} \text{ mit } p = 1, \ldots, P, \ i = 1, \ldots, I, \tag{2.4}$$

wobei θ_p für den Personen-Parameter und β_i für den Item-Parameter steht. Eine alternative Formulierung des Modells lautet:

$$\operatorname{logit}\left(P(y_{pi} = 1|\theta_p, \beta_i)\right) = \log\left(\frac{P(y_{pi} = 1|\theta_p, \beta_i)}{1 - P(y_{pi} = 1|\theta_p, \beta_i)}\right) = \theta_p - \beta_i \tag{2.5}$$

Mit $\theta_p = \log(\xi_p)$ und $\beta_i = \log(\lambda_i)$ entsprechen sich die Gleichungen (2.3) und (2.5).

Wie einleitend angedeutet wurde, sind die zu schätzenden Personen- und Itemparameter nur relativ interpretierbar. Modell (2.5) ist in dieser Form nicht eindeutig lösbar. Es ist notwendig, vor der Schätzung einen Parameter festzusetzen, der als Referenzwert dient. Gewählt wird der Personen-Parameter $\theta_P = 0$. Dies macht eine einfache Darstellung des Modells in Abschnitt 2.4 möglich [Tutz und Schauberger, 2013].

2.2 Rasch-Modell mit itemmodifizierenden Effekten

Im Rasch-Modell (2.5) wird die Schwierigkeit von Item i allein durch den Parameter β_i modelliert. Im Folgenden wird zusätzlich der Effekt des Differential Item Functioning berücksichtigt. Um zuzulassen, dass die Schwierigkeit bestimmter Items von Kovariablen abhängen kann, wird Modell (2.5) um itemmodifizierende Effekte γ_i erweitert.
Sei $\mathbf{x}_p$ der Vektor an Kovariablen von Person p, so wird der Item-Parameter β_i um den linearen Prädiktor $\mathbf{x}_p^T\boldsymbol{\gamma}_i$ ergänzt. Es gilt zu beachten, dass $\mathbf{x}_p$ einen personenspezifischen und $\boldsymbol{\gamma}_i$ einen itemspezifischen Parameter darstellt [Tutz und Schauberger, 2013].
Das vollständige Modell in äquivalenter Form zu (2.5) lautet:

$$\text{logit}(P(y_{pi} = 1|\theta_p, \beta_i, \mathbf{x}_p)) = \log\left(\frac{P(y_{pi} = 1|\theta_p, \beta_i, \mathbf{x}_p)}{1 - P(y_{pi} = 1|\theta_p, \beta_i, \mathbf{x}_p)}\right) = \tag{2.6}$$

$$= \theta_p - (\beta_i + \mathbf{x}_p^T\boldsymbol{\gamma}_i)$$

Mit Modell (2.6) ist es möglich, Unterschiede in der Beantwortung einzelner Items eines Tests zwischen Subgruppen zu modellieren, die durch die Kovariablen $\mathbf{x}$ gebildet werden. Im einfachsten Fall ist x_p die Realisierung einer binären Variable, z. B. Geschlecht. Sei $\mathrm{x}_p = 1$ für eine männliche Person und $\mathrm{x}_p = 0$ für eine weibliche Person. Für den Fall, dass ein Unterschied zwischen Männern und Frauen besteht, erhält man als Item-Parameter

$$\begin{aligned} \beta_i + \gamma_i \quad & \text{für Männer und} \\ \beta_i \quad & \text{für Frauen.} \end{aligned} \tag{2.7}$$

Der Parameter γ_i entspricht in diesem Beispiel dem Unterschied der Schwierigkeit von Item i zwischen Männern und Frauen [Tutz und Schauberger, 2013].

Die Stärke von Modell (2.6) ist, dass im Allgemeinen auch metrische oder mehrkategoriale Kovariablen x_p ins Modell aufgenommen werden können und es weiterhin seine Gültigkeit behält. Des Weiteren ist die Anzahl an Kovariablen des Modells beliebig wählbar, ohne, dass Modell (2.6) an Gültigkeit verliert. Nimmt man Linearität in den Logits an, so lautet der Item-Parameter für die stetige Kovariable Alter:

$$\beta_i + \text{Alter} \cdot \gamma_i \tag{2.8}$$

Falls γ_i gleich Null ist, so ist die Schwierigkeit von Item i in jedem Alter gleich [Tutz und Schauberger, 2013].

Im Weiteren bezeichne Q die Anzahl an Kovariablen im Modell, mit $q = 1, \ldots, Q$. Ist ein Parameter γ_{iq} ungleich Null, bedeutet es, dass das Item von den Personen der Gruppen, die durch die Kovariable q gebildet werden, unterschiedlich beantwortet wird. Modell (2.6) gibt also nicht nur an, welche Items dem klassischen Rasch-Modell (2.5) nicht genügen, sondern auch explizit, durch welche Kovariablen die Item-Parameter β_i modifiziert werden [Tutz und Schauberger, 2013].

2.3 Das logistische Regressionsmodell

Ein gängiges, statistisches Modell für die Modellierung einer binären Zufallsvariable in Abhängigkeit anderer Einflussgrößen ist das logistische Regressionsmodell. Eine ausführliche Darstellung der Theorie zu generalisierten Regressionsmodellen findet man in [Fahrmeir et al., 2009]. Gegeben seien die Daten $(y_i, \mathbf{x}_i)$, $i = 1, \ldots, n$, wobei $y_i \in \{0, 1\}$ und $E(y_i|\mathbf{x}_i) = P(y_i = 1|\mathbf{x}_i) = \pi_i$.
Damit lautet das vollständige Modell:

1. Zufallskomponente

$$y_i|\pi_i \sim B(\pi_i)$$

2. Linearer Prädiktor

$$\eta_i = \mathbf{x}_i^T \boldsymbol{\delta}$$

3. Link-Funktion

$$\pi_i = \frac{\exp(\mathbf{x}_i^T \boldsymbol{\delta})}{1 + \exp(\mathbf{x}_i^T \boldsymbol{\delta})} \Rightarrow g(\pi_i) = \log\left(\frac{\pi_i}{1 - \pi_i}\right) = \mathbf{x}_i^T \boldsymbol{\delta}$$

Im Folgenden werden die Modelle (2.5) und (2.6) in das vorgestellte Framework des logistischen Regressionsmodells eingebettet.

2.4 Rasch-Modell als logistisches Regressionsmodell

Zur Schätzung der Rasch-Modelle aus Abschnitt 2.1 und 2.2 sollen Algorithmen verwendet werden, die auf Maximum-Likelihood-Schätzungen basieren. Dazu ist es hilfreich, die Modelle (2.5) und (2.6) in die bekannte Form eines logistischen Regresssionsmodells, welches im vorherigen Abschnitt 2.3 vorgestellt wurde, zu bringen. Die Darstellung der Modelle ist entnommen aus [Tutz und Schauberger, 2013].

Gegeben seien die Daten $(y_{pi}, \mathbf{x}_p)$, $p = 1, \ldots, P$, $i = 1, \ldots, I$. Mit Wahrscheinlichkeit $\pi_{pi} = P(y_{pi} = 1|\mathbf{z}_{pi})$ gilt für die Linkfunktion des logistischen Regressionsmodells:

$$g(\pi_{pi}) = \mathbf{z}_{pi}^T \boldsymbol{\delta}, \tag{2.9}$$

wobei $\mathbf{z}_{pi}$ den Designvektor für Person p bzgl. Item i darstellt. Diesen gilt es klar vom Kovariablen-Vektor $\mathbf{x}_p$ für Person p zu unterscheiden.
Mit Vektor $\boldsymbol{\delta}^T = (\boldsymbol{\theta}^T, \boldsymbol{\beta}^T)$ lässt sich Modell (2.5) folgendermaßen schreiben:

$$\begin{aligned} \log\left(\frac{P(y_{pi} = 1|\mathbf{z}_{pi})}{1 - P(y_{pi} = 1|\mathbf{z}_{pi})}\right) &= \theta_p - \beta_i = \mathbf{1}_{P(p)}^T \boldsymbol{\theta} - \mathbf{1}_{I(i)}^T \boldsymbol{\beta} = \\ &= \left(\mathbf{1}_{P(p)}^T, -\mathbf{1}_{I(i)}^T\right) \begin{pmatrix} \boldsymbol{\theta} \\ \boldsymbol{\beta} \end{pmatrix} = \mathbf{z}_{pi}^T \boldsymbol{\delta} \end{aligned} \tag{2.10}$$

In Modellgleichung (2.10) gilt:

$$\begin{aligned} \mathbf{1}_{P(p)}^T &= (0, \ldots, 0, 1, 0, \ldots, 0), \text{ mit Länge P-1 und 1 an Position p} \\ \boldsymbol{\theta} &= (\theta_1, \ldots, \theta_{P-1}) \\ \mathbf{1}_{I(i)}^T &= (0, \ldots, 0, 1, 0, \ldots, 0), \text{ mit Länge I und 1 an Position i} \\ \boldsymbol{\beta} &= (\beta_1, \ldots, \beta_I) \end{aligned}$$

Für das Modell gilt die Restriktion $\theta_P = 0$. Nur durch Festsetzen eines Parameters ist das Modell eindeutig lösbar.
Mit Vektor $\boldsymbol{\delta}^T = (\boldsymbol{\theta}^T, \boldsymbol{\beta}^T, \boldsymbol{\gamma}_1^T, \ldots, \boldsymbol{\gamma}_I^T)$ lässt sich Modell (2.6) folgendermaßen schreiben:

$$\begin{aligned} \log\left(\frac{P(y_{pi} = 1|\mathbf{z}_{pi})}{1 - P(y_{pi} = 1|\mathbf{z}_{pi})}\right) &= \theta_p - \beta_i - \mathbf{x}_p^T \boldsymbol{\gamma}_i = \\ &= \mathbf{1}_{P(p)}^T \boldsymbol{\theta} - \mathbf{1}_{I(i)}^T \boldsymbol{\beta} - \mathbf{x}_p^T \boldsymbol{\gamma}_i = \mathbf{z}_{pi}^T \boldsymbol{\delta} \end{aligned} \tag{2.11}$$

Der gesamte Designvektor in (2.11) mit Komponente $-\mathbf{x}_p^T$ bezüglich Parameter $\boldsymbol{\gamma}_i$ lautet $\mathbf{z}_{pi}^T = (\mathbf{1}_{P(p)}^T, -\mathbf{1}_{I(i)}^T, 0, \dots, -\mathbf{x}_p^T, \dots, 0)$.
Für einen kleinen Datensatz mit zwei Personen und zwei Items sehen die vollständigen Komponenten von Modell (2.11) wie folgt aus:

$$\mathbf{y} = \begin{pmatrix} y_{11} \\ y_{12} \\ y_{21} \\ y_{22} \end{pmatrix}, \ \mathbf{Z} = \begin{pmatrix} 1 & -1 & 0 & -\mathbf{x}_1^T & 0 \\ 1 & 0 & -1 & 0 & -\mathbf{x}_1^T \\ 0 & -1 & 0 & -\mathbf{x}_2^T & 0 \\ 0 & 0 & -1 & 0 & -\mathbf{x}_2^T \end{pmatrix} \text{ und } \boldsymbol{\delta} = \begin{pmatrix} \theta_1 \\ \beta_1 \\ \beta_2 \\ \boldsymbol{\gamma}_1 \\ \boldsymbol{\gamma}_2 \end{pmatrix} \quad (2.12)$$

In dieser Darstellung hat die Matrix $\mathbf{Z}$ genau $\mathrm{P} \cdot \mathrm{I}$ Zeilen, was der Anzahl an Beobachtungen und $\mathrm{P} + 2 \cdot \mathrm{I} - 1$ Spalten, was der Anzahl zu schätzender Parameter in Modell (2.11) entspricht. Die Parametervektoren der itemmodifizierenden Effekte $\boldsymbol{\gamma}_1, \dots, \boldsymbol{\gamma}_I$ stellen in dieser Form des Modells jeweils einen Parameter dar. Für die weitere Notation gilt:

- $\mathrm{N} = \mathrm{P} \cdot \mathrm{I} \ \hat{=}$ Anzahl an Beobachtungen
- $\mathrm{J} = \mathrm{P} + 2 \cdot \mathrm{I} - 1 \ \hat{=}$ Anzahl an Parametern in Modell (2.11)

Es ist zu beachten, dass die Anzahl zu schätzender Parameter in Modell (2.11) im Allgemeinen nicht größer ist als die Anzahl an Beobachtungen. Sie ist jedoch so groß, dass eine regularisierte Schätzung des Modells notwendig ist (siehe Kapitel 3).

2.5 Modell mit zusätzlichem Populationseffekt

In Modell (2.6) wird implizit angenommen, dass Unterschiede zwischen den Gruppen, die durch die Kovariablen $\mathbf{x}$ gebildet werden, nur bezüglich bestimmter Items eines Test bestehen. Tatsächlich kann es jedoch sein, dass ein grundsätzlicher Fähigkeitsunterschied zwischen den Gruppen besteht.

Dies führe dazu, dass das Ergebnis der betrachteten Gruppen bezüglich des gesamten Tests unterschiedlich gut ausfällt. Dieser Effekt ist klar vom Effekt des Differential Item Functioning zu unterscheiden, welcher durch die itemmodifizierenden Effekte $\gamma_1, \ldots, \gamma_I$ modelliert wird.
Um grundsätzliche Fähigkeitsunterschiede zu berücksichtigen, kann Modellgleichung (2.11) um eine weitere Kovariable $\boldsymbol{\gamma}$ erweitert werden [Tutz und Schauberger, 2013].
Der lineare Prädiktor des logistischen Regressionsmodells lässt sich dann folgendermaßen schreiben:

$$\eta_{pi} = \mathbf{z}_{pi}^T \boldsymbol{\delta} = \mathbf{1}_{P(p)}^T \boldsymbol{\theta} - \mathbf{1}_{I(i)}^T \boldsymbol{\beta} - \mathbf{x}_p^T \boldsymbol{\gamma} - \mathbf{x}_p^T \boldsymbol{\gamma_i}, \tag{2.13}$$

$$\text{mit } \mathbf{z}_{pi}^T = (\mathbf{1}_{P(p)}^T, -\mathbf{1}_{I(i)}^T, -\mathbf{x}_p^T, 0, \ldots, -\mathbf{x}_p^T, \ldots, 0)$$
$$\text{und } \boldsymbol{\delta}^T = (\boldsymbol{\theta}^T, \boldsymbol{\beta}^T, \boldsymbol{\gamma}^T, \gamma_1^T, \ldots, \gamma_I^T).$$

Der Parameter $\boldsymbol{\gamma}$ entspricht dem Effekt der Kovariablen $\mathbf{x}_p$ bezüglich des Ergebnisses im gesamten Test. Im Fall einer binären Kovariable wird durch den Parameter γ modelliert, ob eine Gruppe den Test besser absolviert als die andere Gruppe [Tutz und Schauberger, 2013].

2.6 Identifizierbarkeit der Modelle

Der lineare Prädiktor des Rasch-Modells mit itemmodifizierenden Effekten (2.11) lautet $\eta_{pi} = \theta_p - \beta_i - \mathbf{x}_p^T \gamma_i$ für Person p und Item i . Bei genauerer Betrachtung sieht man, dass der lineare Prädiktor η_{pi} mit einer Konstante **c** auf geschickte Art umparametrisiert werden kann und Modell (2.11) in der bisherigen Form nicht eindeutig lösbar ist [Tutz und Schauberger, 2013].

Genauer gilt:

$$
\begin{aligned}
\eta_{pi} &= \theta_p - \beta_i - \mathbf{x}_p^T \boldsymbol{\gamma}_i \\
&= \theta_p - \beta_i - \mathbf{x}_p^T (\boldsymbol{\gamma}_i - \mathbf{c}) - \mathbf{x}_p^T \mathbf{c} \\
&= \tilde{\theta}_p - \beta_i - \mathbf{x}_p^T \tilde{\boldsymbol{\gamma}}_i,
\end{aligned} \tag{2.14}
$$

mit $\tilde{\theta}_p = \theta_p - \mathbf{x}_p^T \mathbf{c}$ und $\tilde{\boldsymbol{\gamma}}_i = \boldsymbol{\gamma}_i - \mathbf{c}$.
Die Parameter $\boldsymbol{\delta}^T = (\boldsymbol{\theta}^T, \boldsymbol{\beta}^T, \boldsymbol{\gamma}_1^T, ..., \boldsymbol{\gamma}_I^T)$ und $\tilde{\boldsymbol{\delta}}^T = (\tilde{\boldsymbol{\theta}}^T, \boldsymbol{\beta}^T, \tilde{\boldsymbol{\gamma}}_1^T, ..., \tilde{\boldsymbol{\gamma}}_I^T)$ ergeben exakt dasselbe Modell. Die Parameter θ_p sind genau um den Wert $\mathbf{x}_p^T \mathbf{c}$ und die Parameter $\boldsymbol{\gamma}_i$ um den Wert $\mathbf{c}$ verschoben [Tutz und Schauberger, 2013].
Unter folgenden Restriktionen ist Modell (2.11) eindeutig identifizierbar:

1. $\beta_I = 0$, $\boldsymbol{\gamma}_I^T = (0, \ldots, 0)$ (oder für ein beliebiges, anderes Item).
2. Die gewöhnliche Designmatrix mit Zeilen $(1, \mathbf{x}_1^T), \ldots, (1, \mathbf{x}_P^T)$ hat vollen Rang.

Um die Identifizierbarkeit von Modell (2.11) zu garantieren, müssen lt. Bedingung 1 der Koeffizient β_i und die Koeffizienten γ_{iq} eines Items festgesetzt werden. Im Allgemeinen kann hierfür jedes beliebige Item gewählt werden. Bedingung 2 ist eine allgemeine Bedingung, wie sie in ähnlicher Form auch in üblichen Regressionsmodellen benötigt wird. Den Beweis und weitere Details zu den Bedingungen findet sich in [Tutz und Schauberger, 2013]. Die eingeführten Bedingungen sind unabhängig von der ursprünglichen Restriktion des Modells $\theta_P = 0$.
Modelliert man Daten durch ein Rasch-Modell mit itemmodifizierenden Effekten (2.6), so geht man grundsätzlich davon aus, dass für die meisten Items das einfache Rasch-Modell (2.5) gültig ist und nur für wenige Items die Koeffizienten $\boldsymbol{\gamma}_i$ ungleich Null sind. Es ist wünschenswert, dass

bei der Schätzung die maximale Anzahl an Items bestimmt wird, für die das Rasch-Modell Gültigkeit besitzt. Welches Item in Bedingung 1 gewählt wird, hängt genau von dieser Zielsetzung ab. Wie die Restriktionen bei der Schätzung explizit umgesetzt werden, um am Ende eine eindeutig identifizierbare Lösung vorliegen zu haben, wird in Abschnitt 3.5 erläutert.

Betrachtet man das erweiterte Modell mit zusätzlichem Populationseffekt (2.13), so stößt man auf ein weiteres Identifikationsproblem. Trotz der Festsetzung von $\beta_i = 0$ und $\boldsymbol{\gamma}_i^T = (0, \ldots, 0)$ für ein Item i ist es nicht möglich, die Parameter $\boldsymbol{\gamma}$ und θ_p ohne weitere Restriktion klar voneinander zu unterscheiden. Der lineare Prädiktor η_{pi} kann folgendermaßen umparametrisiert werden [Tutz und Schauberger, 2013]:

$$\begin{aligned} \eta_{pi} &= \theta_p - \beta_i - \mathbf{x}_p^T \boldsymbol{\gamma} - \mathbf{x}_p^T \boldsymbol{\gamma_i} \\ &= \theta_p + \mathbf{x}_p^T \mathbf{c} - \beta_i - \mathbf{x}_p^T (\boldsymbol{\gamma} + \mathbf{c}) - \mathbf{x}_p^T \boldsymbol{\gamma}_i \\ &= \tilde{\theta}_p - \beta_i - \mathbf{x}_p^T \tilde{\boldsymbol{\gamma}} - \mathbf{x}_p^T \boldsymbol{\gamma_i}, \end{aligned} \tag{2.15}$$

mit $\tilde{\theta}_p = \theta_p + \mathbf{x}_p^T \mathbf{c}$ und $\tilde{\boldsymbol{\gamma}} = \boldsymbol{\gamma} + \mathbf{c}$.

Nachdem Vektor $\mathbf{c}$ beliebig wählbar ist, kann immer $\boldsymbol{\gamma} = (0, \ldots, 0)$ festgelegt werden, und man erhält wieder die ursprüngliche Form des linearen Prädiktors (2.11). In dieser Form ist also nicht eindeutig, welcher Teil der Fähigkeit der Person durch die Zugehörigkeit zur jeweiligen Gruppe erklärt werden kann [Tutz und Schauberger, 2013].

Eine Möglichkeit, dies zu identifizieren, ist ein zweistufiges Schätzverfahren:

1. Schätze das Modell (2.11) ohne zusätzlichen Populationseffekt.

2. Berechne eine Regression der geschätzten Parameter $\hat{\theta}_p$ auf den Kovariablenvektor $\mathbf{x}_p$.

Das Regressionsmodell in Schritt 2 gibt schließlich an, welcher Teil der Variation der geschätzten Fähigkeiten durch die Kovariablen $\mathbf{x}$ erklärt werden kann, nachdem die einzelnen itemmodifizierenden Effekte bereits berücksichtigt wurden. Dies entspricht einem globalen Effekt der Gruppenzugehörigkeit [Tutz und Schauberger, 2013]. Die explizite Umsetzung der Regression bei der Schätzung wird in Abschnitt 3.5 erläutert.

Hauptteil der Simulation in Kapitel 5 ist die Analyse des Rasch-Modells mit itemmodifizierenden Effekten (2.11) in den Abschnitten 5.1 und 5.2. In einem weiteren Teil (Abschnitt 5.3) wird das zweistufige Schätzverfahren für das Modell mit zusätzlichem Populationseffekt (2.13) durchgeführt. In den simulierten Daten wird der grundsätzliche Fähigkeitsunterschied nur bezüglich einer binären Kovariable modelliert. Ziel der Simulation ist es herauszufinden, wie gut sich das in Kapitel 3 vorgestellte Schätzverfahren zur Schätzung der beiden Modelle eignet, um relevante itemmodifizierende Effekte zu bestimmen.

3 Schätzung mithilfe von Boosting

Um Schätzungen für die Modelle, die in den Abschnitten 2.2 und 2.5 vorgestellt wurden, zu erhalten, wäre es am einfachsten, die Maximum-Likelihood-Schätzer der logistischen Regressionsmodelle (2.11) und (2.13) zu berechnen. Für die vorliegenden Modelle ist dies jedoch problematisch. Einer der Gründe ist die große Anzahl an Parametern der Modelle. Vor allem, falls die Anzahl zu schätzender Parameter größer ist als die Anzahl an Beobachtungen, sind die Maximum-Likelihood-Schätzer ungenau oder gar nicht eindeutig definiert. Siehe dazu auch [Hastie et al., 2009]. Ein weiterer Grund ist die Verfehlung des eigentlichen Ziels der Analyse. Bestimmt werden sollen die Items mit itemmodifizierenden Effekten, und nur die zugehörigen Parametervektoren γ_i sollen ins geschätzte Modell aufgenommen werden. Durch Maximum-Likelihood-Schätzung wird keine Variablenselektion durchgeführt, und man erhält Schätzungen für alle Parameter des Modells. Eine zielführende und korrekte Lösung der Schätzung erhält man durch regularisierte Schätzung der Modelle. Die vorliegende Arbeit beschäftigt sich mit der Schätzung mithilfe von Boosting.

Im folgenden Kapitel wird in Abschnitt 3.1 zunächst allgemein der Boosting Algorithmus bzw. funktionale Gradienten-Abstieg (FGD) vorgestellt und anschließend speziell für den Fall binärer Klassifikation durch logistische Regression (Abschnitt 3.2). Als Datengrundlage für die Darstellung der Algorithmen dienen die Daten in der Form, in der sie in Abschnitt 2.4 eingeführt wurden.

Neben dem Ziel, alle relevanten Parameter γ_i zu bestimmen, die ungleich Null sind, sollen alle Personen-Parameter θ_p und Item-Parameter β_i vollständig ins Modell aufgenommen werden. Dies macht eine Schätzung der Modelle in zwei Schritten notwendig. Das Vorgehen wird in Abschnitt 3.3 erläutert.

Die Implementierung der Boosting-Schätzung mithilfe der Software `R` [R Core Team, 2013] basiert auf Boosting-Funktionen aus dem Paket `mboost` [Hothorn et al., 2013]. Bei Verwendung wichtiger Funktionen und Umsetzung entscheidender Schritte sind Teile des Programm-Codes angegeben.

3.1 Allgemeiner FGD-Algorithmus

Der Boosting-Algorithmus, der in Bühlmann und Hothorn [2007] erläutert wird, wurde ursprünglich von Friedman et al. [2000] entwickelt. Sie entwarfen ein allgemeines Framework, das sich direkt als Methode zur Schätzung einer Funktion interpretieren lässt. Das Schätzverfahren erfolgt dabei schrittweise, und die Lösung berechnet sich additiv. Die Darstellung des Algorithmus ist entnommen aus [Bühlmann und Hothorn, 2007].
Gegeben seien der Responsevektor $\mathbf{y}$ und

- die Zufallsvariablen $Z_1, \ldots, Z_J$ (Spalten der Matrix $\mathbf{Z}$) bzw.
- die Beobachtungen $\mathbf{z}_{11}, \ldots, \mathbf{z}_{PI}$ (Zeilen der Matrix $\mathbf{Z}$).

Die vorliegenden Daten wurden bereits durch den Beispiel-Datensatz (2.12) illustriert. Ziel ist es, eine Funktion $f(\cdot) = \arg\min_{f(\cdot)} \mathbb{E}\left[\rho(\mathbf{y}, f(Z_1, \ldots, Z_J))\right]$ zu schätzen. Dabei bezeichnet $\rho(\cdot, \cdot)$ eine Verlustfunktion. Welche Verlustfunktion im vorliegenden Fall der binären Klassifikation verwendet wird, ist in Abschnitt 3.2 dargestellt.
Um die Funktion $f(\cdot)$ zu schätzen, betrachtet man das empirische Risiko summiert über alle $N = P \cdot I$ Beobachtungen $\frac{1}{N}\sum_N \rho(\mathbf{y}_{pi}, f(\mathbf{z}_{pi}))$ und folgt folgendem Algorithmus.

1. Initialisiere $\hat{f}^{[0]}(\cdot)$ mit einem Startwert. Möglich sind beispielsweise

$$\hat{f}^{[0]}(\cdot) = \arg\min_c \frac{1}{N}\sum_N \rho(y_{pi}, c) \quad \text{oder} \quad \hat{f}^{[0]}(\cdot) = 0. \tag{3.1}$$

Setze m=0.

2. Erhöhe m um 1. Berechne den negativen Gradienten $-\frac{\partial}{\partial f}\rho(y, f)$ und werte ihn für jede Beobachtung an der Stelle $\hat{f}^{[m-1]}(\mathbf{z}_{pi})$ aus:

$$u_{pi} = -\frac{\partial}{\partial f}\rho(y_{pi}, f)|_{f=\hat{f}^{[m-1]}(\mathbf{z}_{pi})} \tag{3.2}$$

3. Fitte die negativen Gradienten $u_{11}, \ldots, u_{PI}$ auf die linearen Prädiktoren $\mathbf{z}_{11}, \ldots, \mathbf{z}_{PI}$ durch eine Basis-Methode:

$$(\mathbf{z}_{pi}, u_{pi}) \overset{\text{Basis-Methode}}{\rightarrow} \hat{g}^{[m]}(\cdot) \tag{3.3}$$

   Im vorliegenden Fall wird als Basis-Methode die lineare Regression verwendet (siehe Abschnitt 3.2).

4. Aktualisiere $\hat{f}^{[m]}(\cdot) = \hat{f}^{[m-1]}(\cdot) + \nu\hat{g}^{[m]}(\cdot)$, wobei $0 < \nu \leq 1$ die Schrittlänge in jedem Schritt m bezeichnet.

5. Wiederhole Schritt 2 bis 4 bis $m = m_{\text{stop}}$, d.h. bis zu einer bestimmten Anzahl an Iterationen m_{stop}.

Die optimale Anzahl an Iterationen wird mithilfe von Modellwahl-Kriterien bestimmt (siehe Abschnitt 3.4) und stellt die wichtigste Stellschraube des Algorithmus dar. Durch frühzeitiges Stoppen des Algorithmus wird die gewünschte Regularisierung der Schätzung erzielt.

3.2 Boosting im Fall binärer Klassifikation

Einer der Bestandteile des Algorithmus aus Abschnitt 3.1, der spezifiziert werden muss, ist die Verlustfunktion $\rho(\cdot, \cdot)$. Alle zugrundeliegenden Item-Response-Modelle betrachten die binäre Zufallsvariable, ob ein bestimmtes

Item richtig oder falsch beantwortet wurde, d.h. $Y \in \{0, 1\}$. Mit $P(Y = 1) = \pi$ ist die log-Likelihood gegeben durch [Bühlmann und Hothorn, 2007]:

$$\log(\mathrm{L}) = \ell = \pi \log(\pi) + (1 - y) \log(1 - \pi) \tag{3.4}$$

Mit der alternativen Kodierung $\tilde{Y} = 2Y - 1 \in \{-1, 1\}$ und der Umparametrisierung $f = \frac{1}{2} \cdot \log\left(\frac{\pi}{1-\pi}\right)$ erhält man durch Umformung von (3.4) für die negative log-Likelihood:

$$\log(1 + \exp(-2\tilde{y}f)) \tag{3.5}$$

Bei binärer Klassifikation ist es üblich, äquivalent zu Formel (3.5), die Funktion

$$\rho_{\text{log-lik}}(\tilde{y}, f) = \log_2(1 + \exp(-2\tilde{y}f)) \tag{3.6}$$

als Verlustfunktion zu verwenden. In dieser Form ist sie auch im Paket `mboost` [Hothorn et al., 2013] implementiert.

Es kann gezeigt werden, dass bei Verwendung der Verlustfunktion (3.6) die optimale Lösung bezüglich der Grundgesamtheit für die vorliegenden Daten die Form

$$f(Z_1, \ldots, Z_J) = \frac{1}{2} \log\left(\frac{P(Y = 1|Z_1, \ldots, Z_J)}{1 - P(Y = 1|Z_1, \ldots, Z_J)}\right) \tag{3.7}$$

hat (vgl. [Friedman et al., 2000]).

Die Boosting-Schätzung $\hat{f}^{[m]}(\cdot)$ kann als Schätzung der optimalen Lösung $f(Z_1, \ldots, Z_J)$ (3.7) angesehen werden. Die Lösungen sind Schätzungen für die halbierten Werte der Logits, die den linearen Prädiktoren eines logisti-

schen Regressionsmodells entsprechen.
Als Basis-Methode wird in Schritt 3 des Boosting-Algorithmus aus Abschnitt 3.1 die Methode der komponentenweise linearen kleinsten Quadrate verwendet. Dabei wird $\hat{g}^{[m]}(\cdot)$ in jedem Schritt durch ein einfaches lineares Modell mit einer Kovariablen gebildet, nämlich [Boulesteix und Hothorn, 2010]:

$$\hat{g}(Z_1, \ldots, Z_J) = \hat{\delta}_{j*} Z_{j^*} \tag{3.8}$$

$\hat{\delta}_{j^*}$ stellt dabei den Schätzer eines einfachen linearen Modells mit Z_j als einziger Einflussgröße dar:

$$\hat{\delta}_j = \left(\sum_N z_{pij} u_{pi} \right) / \left(\sum_N (z_{pij})^2 \right) \tag{3.9}$$

Mit j^* wird die Kovariable mit der besten Prädiktion im univariaten Modell bezeichnet:

$$j^* = \arg \min_{1 \leq j \leq J} \sum_N \left(u_{pi} - \hat{\delta}_j z_{pij} \right)^2 \tag{3.10}$$

Zusammenfassend: In jedem Schritt m wird die Boosting-Schätzung durch ein univariates lineares Modell aktualisiert, wobei in jedem Schritt die Kovariable ausgewählt wird, welche die größte Verbesserung der Prädiktion mit sich bringt.
Verwendet man den Boosting-Algorithmus mit Verlustfunktion (3.6) und als Basis-Methode komponentenweise lineare kleinste Quadrate, so erhält man für $m_{\text{stop}} \rightarrow \infty$ die Lösung eines logistischen Regressionsmodells, wie es in Abschnitt 2.4 dargestellt wurde.
Zur Durchführung der Schätzung in `R` wird die Funktion `gamboost` aus

dem Paket `mboost` verwendet. Der Funktionsaufruf sieht ausschnittsweise folgendermaßen aus:

```
> gamboost(formula,data,family=Binomial(),...)
```

Das Argument `family` legt die Verteilung der betrachteten Zielgröße fest. Mit `family=Binomial()` wird die gewünschte Verlustfunktion (3.6) verwendet. Mithilfe der `formula` wird die Basis-Methode spezifiziert. In der `formula` wird jede der Kovariablen des Modells als mögliche Komponente einzeln angegeben. Mit der Funktion `bols` bewirkt man, dass als Basis-Methode komponentenweise lineare kleinste Quadrate verwendet werden. Für den Parameter $\boldsymbol{\gamma}_1$ mit vier Kovariablen sieht der Aufruf der Funktion beispielsweise folgendermaßen aus:

```
> bols(gamma11, gamma12, gamma13, gamma14, intercept = FALSE, df = 1)
```

Die Parameter γ_{iq} werden jeweils als gemeinsame Komponente mit einem Freiheitsgrad (`df=1`) spezifiziert. Daher gilt für die geschätzten Parameter, dass

$$\begin{aligned} \hat{\boldsymbol{\gamma}}_i &= \mathbf{0} \quad \text{oder} \\ \hat{\gamma}_{iq} &\neq 0 \quad \forall\, q = 1, \ldots, Q. \end{aligned} \tag{3.11}$$

Nach diesem Vorgehen sind die geschätzten itemmodifizierenden Effekte eines Items entweder für alle Kovariablen gleich oder für alle Kovariablen ungleich Null.

3.3 Kombination von logistischer Regression und Boosting

Ziel der regularisierten Schätzung der Modelle (2.11) und (2.13) ist es, die relevanten itemmodifizierenden Effekte zu identifizieren und die Parameter $\boldsymbol{\gamma}_i$ der Items, die nicht von zusätzlichen Kovariablen beeinflusst werden, auf

Null zu schätzen. Wendet man den in Abschnitt 3.1 und 3.2 beschriebenen Boosting-Algorithmus an, so wird dies schrittweise umgesetzt. Gleichzeitig sollen alle Personen-Parameter θ_p und Item-Parameter β_i des klassischen Rasch-Modells vollständig in das geschätzte Modell aufgenommen werden. Um dies sicherzustellen, wird die Schätzung der Modelle mit itemmodifizierenden Effekten in zwei Schritten durchgeführt. Die Darstellung des Vorgehens ist angelehnt an die Ausführungen in [Boulesteix und Hothorn, 2010].

1. Schätze das einfache Rasch-Modell ohne itemmodifizierende Effekte (2.5) als logistisches Regressionsmodell, wie es in Gleichung (2.10) dargestellt ist.

   1.1. Man erhält Schätzungen $\hat{\theta}_1^{[1]}, \ldots, \hat{\theta}_{P-1}^{[1]}, \hat{\beta}_1^{[1]}, \ldots, \hat{\beta}_I^{[1]}$, wobei $\theta_P = 0$ vorher festgelegt wird.

   1.2. Berechne für alle Beobachtungen N die linearen Prädiktoren $\hat{\eta}_{pi}^{[1]} = \mathbf{1}_{P(p)}^T \hat{\boldsymbol{\theta}}^{[1]} - \mathbf{1}_{I(i)}^T \hat{\boldsymbol{\beta}}^{[1]}$.

2. Schätze das Rasch-Modell mit itemmodifzierenden Effekten (2.6) mithilfe des vorgestellten Boosting-Algorithmus in den Abschnitten 3.1 und 3.2.

   2.1. Definiere den Startwert $\hat{f}^{[0]}(\cdot)$ für alle Beobachtungen als Offset-Wert über $\hat{f}^{[0]}(\mathbf{z}_{pi}) = \hat{\eta}_{pi}^{[1]}/2$, und berechne den Boosting-Algorithmus mit log-Likelihood-Verlustfunktion (3.6) und komponentenweise linearen kleinsten Quadraten als Basis-Methode bis Iteration m_{stop}.

   2.2. Man erhält Schätzungen $\hat{\boldsymbol{\delta}}^{[m_{\text{stop}}]}$ für alle Parameter des Modells mit itemmodifizierenden Effekten.

2.3. Berechne für alle Beobachtungen N die resultierenden linearen Prädiktoren
$\hat{\eta}_{pi}^{[m_{\text{stop}}]} = \mathbf{1}_{P(p)}^T \hat{\boldsymbol{\theta}}^{[m_{\text{stop}}]} - \mathbf{1}_{I(i)}^T \hat{\boldsymbol{\beta}}^{[m_{\text{stop}}]} - \mathbf{x}_p^T \hat{\boldsymbol{\gamma}}_i^{[m_{\text{stop}}]} = \mathbf{z}_{pi}^T \hat{\boldsymbol{\delta}}^{[m_{\text{stop}}]}$.

Wie in Abschnitt 3.2 beschrieben, ist das Boosting-Ergebnis eine Schätzung der halbierten Werte der Logits des logistischen Regressionsmodells. Als Offset-Werte werden der Boosting-Funktion daher die halbierten linearen Prädiktoren übergeben.
Da die Schätzungen des einfachen Rasch-Modells bereits als Offset in das Modell aufgenommen wurden, ist zu erwarten, dass weitgehend nur die zusätzlichen Parameter $\boldsymbol{\gamma}_i$ aktualisiert werden. Der Algorithmus macht es aber auch möglich, dass nochmals die Parameter θ_p und β_i zur Schätzung herangezogen werden.
Im `mboost`-Paket ist die Möglichkeit, einen Offset als Startwert der Boosting-Schätzung zu übergeben, implementiert. Dafür wird der Funktion `gamboost` ein Parameter `offset` übergeben:

```
> gamboost(formula,data,family=Binomial(),offset=offset,
          control=boost_control(mstop=mstop))
```

Über das Argument `control=boost_control()` wird die Anzahl zu berechnender Iterationen festgelegt.

3.4 Kriterium für die Modellwahl

Einer der wichtigsten Komponenten des Boosting-Algorithmus ist die Anzahl an Iterationen m_{stop}. Als Ergebnis der Boosting-Schätzung erhält man im Grenzwert für $m_{\text{stop}} \to \infty$ die halbierten Werte der Lösungen eines logistischen Regressionsmodells. Eine regularisierte Schätzung und die damit verbundene Variablenselektion realisiert man durch frühzeitiges Stoppen des Algorithmus. Für die vorliegenden Modelle (2.11) und (2.13) entspricht das optimale Modell dem Modell mit den relevanten itemmodifizierenden Effekten. Durch frühzeitiges Stoppen wird erreicht, dass nur die Schätzungen $\hat{\gamma}_i$ ungleich Null sind, deren Items dem einfachen Rasch-Modell (2.5) nicht genügen.

Eine Möglichkeit zur Bestimmung der optimalen Anzahl an Iterationen ist die Kreuzvalidierung. Allgemeines zur Theorie über Modellwahlkriterien findet man in [Hastie et al., 2009]. Bei der k-fachen Kreuzvalidierung werden die Daten $(y_{pi}, \mathbf{x}_p)$, $p = 1, \ldots, P$, $i = 1, \ldots, I$ zufällig in k gleichgroße Teile aufgeteilt. Das Modell wird jeweils ohne den k-ten Teil der Daten geschätzt, und anschließend wird für den k-ten Teil der Daten eine Vorhersage berechnet. In Item-Response-Modellen ist die besondere Struktur der Zielgröße $\mathbf{y}$ zu beachten. Es ist davon auszugehen, dass die Ergebnisse des Tests einer Person p $y_{p1}, \ldots, y_{pI}$ ähnlicher sind als die Ergebnisse verschiedener Personen. Teilt man den Datensatz zufällig in k Teile auf, so kommt es vor, dass alle Daten einer Person in einem der k Teile enthalten sind. Es ist anschließend nicht mehr möglich, sinnvolle Schätzungen bzw. Prognosen für diese Person zu erhalten. Eine Modellwahl mithilfe von Kreuzvalidierung ist für die betrachteten Item-Response-Modelle somit nicht geeignet.

Eine weitere Möglichkeit zur Bestimmung der optimalen Anzahl an Iterationen sind Informationskriterien. Vorarbeiten von Tutz und Schauberger [2013] zeigen, dass sich diesbezüglich am besten das Bayesianische Informationskriterium (BIC) eignet. Gesucht ist der beste Kompromiss zwischen Verbesserung der Likelihood und Erhöhung der Modellkomplexität. Im vorliegenden Fall ist das BIC folgendermaßen definiert:

$$\mathrm{BIC} = -2\ell(\boldsymbol{\delta}) + \log(\mathrm{N}) \cdot \mathrm{df} \tag{3.12}$$

N=P·I entspricht der Anzahl an Beobachtungen, die log-Likelihood ℓ ist gegeben durch (3.4) und df entspricht der Anzahl an Freiheitsgraden des Modells. Eine allgemeine Form des BIC findet sich in [Hastie et al., 2009]. Die Anzahl an Freiheitsgraden df in Boosting-Schritt m kann über die aktuelle Anzahl an Parametern des geschätzten Modells, dem sogenannten „activ set“, bestimmt werden. Die Anzahl ergibt sich aus allen Personenparametern θ_p, Itemparametern β_i und der Parametervektoren γ_i, die in Schritt m ungleich Null sind. Wird ein Parametervektor γ_i ins Modell aufgenommen, erhöht sich die Anzahl an Freiheitsgraden um die Anzahl der Elemente des Vektors. Dies entspricht der Anzahl an Kovariablen Q des Modells. Es gilt:

$$\mathrm{df(m)} = \mathrm{P} + \mathrm{I} + \#_m \{\gamma_i | \gamma_i \neq 0\} \cdot \mathrm{Q} - 1, \tag{3.13}$$

wobei $\#_m\{\cdot\}$ die Anzahl in Boosting-Schritt m bezeichnet.

Bühlmann und Hothorn [2007] stellen einen Ansatz vor, mit dem man die Anzahl an Freiheitsgraden über die Hat-Matrix der komponentenweisen linearen kleinsten Quadrate berechnen kann. Die Hat-Matrix ist im Allgemeinen eine Projektionsmatrix, die den Vektor beobachteter Werte auf den Vektor gefitteter Werte abbildet.

Im vorliegenden Kontext gilt für die Hat-Matrix:

$$\mathcal{H}_{j*} : (u_{11}, \ldots, u_{PI}) \mapsto \hat{u}_{11}, \ldots, \hat{u}_{PI}, \tag{3.14}$$

wobei j*, wie in (3.10) definiert, die Kovariable mit der besten Prädiktion im univariaten linearen Modell darstellt. Ausgehend von Lösung (3.9) ist die Hat-Matrix gegeben durch:

$$\mathcal{H}_{j*} = \boldsymbol{z}_{j*} \left(\boldsymbol{z}_{j*}^{\top} \boldsymbol{z}_{j*} \right)^{-1} \boldsymbol{z}_{j*}^{\top}, \tag{3.15}$$

wobei $\boldsymbol{z}_j$ der j-ten Spalte der Matrix $\boldsymbol{Z}$ entspricht.

Nach Bühlmann und Hothorn [2007] gilt im Fall einer binären Zielgröße für eine approximierte Hat-Matrix $\mathcal{B}_\mathrm{m}$:

$$\begin{aligned}
\mathcal{B}_1 &= 4\nu \mathcal{W}^{[0]} \mathcal{H}_{j*} \\
\mathcal{B}_m &= \mathcal{B}_{m-1} + 4\nu \mathcal{W}^{[m-1]} \mathcal{H}_{j*}(I - \mathcal{B}_{m-1}) \quad (m \geq 2) \quad \text{mit} \\
\mathcal{W}^{[m]} &= \operatorname{diag}\left(\hat{\pi}_{pi}^{[m]}(1 - \hat{\pi}_{pi}^{[m]})\right),
\end{aligned} \tag{3.16}$$

mit $\hat{\pi}_{pi}^{[m]} = P(y_{pi} = 1|\mathbf{z}_{pi})^{[m]}$ der geschätzten Wahrscheinlichkeit in Boosting-Schritt m. Der Beweis zu (3.16) und weitere Details finden sich in [Bühlmann und Hothorn, 2007].
Die Anzahl an Freiheitgraden in Boosting-Schritt m, wie sie auch im Paket `mboost` berechnet werden kann, ist definiert durch:

$$\mathrm{df(m)} = \mathrm{Spur}\left(2 \cdot \mathcal{B}_m - \mathcal{B}_m^\top \mathcal{B}_m\right) \tag{3.17}$$

Die Berechnung der Freiheitsgrade über die Spur der Hat-Matrix ist im Paket `mboost` über die Funktion `AIC` möglich:

```
> model <- gamboost(formula,data,family=Binomial(),offset=offset,
           control=boost_control(mstop=mstop))
> AIC(model,method="classical")
```

Bei der Modellwahl mithilfe des BIC geht man schließlich folgendermaßen vor:

1. Berechne die Werte des BIC für alle Iterationen $m = 1, \ldots, m_{\text{stop}}$.

2. Wähle das Modell mit dem kleinsten BIC. Für die optimale Anzahl an Iterationen m^*_{stop} gilt:

   $m = m^*_{\text{stop}} \quad \Leftrightarrow \quad \mathrm{BIC}(m^*_{\text{stop}}) = \min_{m=1,\ldots,m_{\text{stop}}} \mathrm{BIC}(m)$

Um sicherzustellen, dass tatsächlich das Modell mit dem minimalsten BIC gefunden wird, sollte $m_{\text{stop}} >> m^*_{\text{stop}}$ gewählt werden.

In der Simulation in Kapitel 5 wird die optimale Anzahl an Iterationen m^*_{stop} mithilfe des BIC (3.12) bestimmt. Die Anzahl an Freiheitsgraden wird sowohl über die aktuelle Anzahl an Parametern im Modell (3.13) als auch über die Spur der Hat-Matrix (3.17) bestimmt. Es gilt herauszufinden, welche der beiden Methoden besser zur Schätzung der vorliegenden Item-Response-Modelle geeignet ist.

3.5 Schätzung und Identifizierbarkeit

Wie in Abschnitt 2.6 erläutert, ist das Modell (2.11) abgesehen von $\theta_P = 0$ ohne zusätzliche Restriktionen, wie sie auf Seite 15 angegeben sind, nicht eindeutig lösbar. Um eine eindeutige Lösung zu erhalten, geht man bei Berechnung der Boosting-Schätzung folgendermaßen vor. Die Darstellung des Vorgehens ist angelehnt an die Ausführungen in [Tutz und Schauberger, 2013].

1. Schätze das Modell ohne zusätzliche Restriktionen in zwei Schritten, wie es in Abschnitt 3.3 beschrieben ist. Aufgrund der regularisierten Schätzung sind die Parameter berechenbar, obwohl sie nicht eindeutig identifizierbar sind. Friedman et al. [2010] verwenden dieses Vorgehen beispielsweise im Fall multivariater Regressionsmodelle.

2. Wähle als Referenz-Item das maximale Item mit $\hat{\gamma}_i = 0$, d.h.

$$\text{ref} = \max\{i \mid \hat{\gamma}_i = 0\}\ , \quad i = 1, \ldots, I \tag{3.18}$$

3. Berechne neue Personen-Parameter $\hat{\theta}_p - \hat{\beta}_{\text{ref}}$, neue Item-Parameter $\hat{\beta}_i - \hat{\beta}_{\text{ref}}$ und neue itemmodifizierenenden Effekte $\hat{\gamma}_i - \hat{\gamma}_{\text{ref}}$, für alle $i = 1, \ldots, I$.

Damit gilt:

$$\hat{\theta}_P^{[\text{neu}]} = -\hat{\beta}_{\text{ref}}, \quad \hat{\beta}_{\text{ref}}^{[\text{neu}]} = 0 \quad \text{und} \quad \hat{\boldsymbol{\gamma}}_{\text{ref}}^{[\text{neu}]} = \hat{\boldsymbol{\gamma}}_{\text{ref}} = (0, \dots, 0)^\top \tag{3.19}$$

Als Resultat erhält man eindeutig identifizierbare Parameter. Bei der Darstellung der Ergebnisse in Abschnitt 5.1.2 der Simulation werden eben diese Parameter in Betracht gezogen.
Je höher die Anzahl an Iterationen m_{stop} gewählt wird, desto höher ist die Anzahl an Parametervektoren $\boldsymbol{\gamma}_i$, die ungleich Null geschätzt werden. Damit steigt die Anzahl an Items, für die das einfache Rasch-Modell (2.5) nicht ausreicht. Es ist zu erwarten, dass nach dem gewählten Modellwahlkriterium in den meisten Fällen nur sehr wenige Parameterschätzungen $\hat{\boldsymbol{\gamma}}_i$ des optimalen Modells ungleich Null sind. Insbesondere kommt es nicht vor, dass alle Schätzungen $\hat{\boldsymbol{\gamma}}_i$ ungleich Null sind. Damit ist sichergestellt, dass das oben beschriebene Vorgehen immer funktioniert und die maximale Anzahl an Items identifiziert wird, für die das einfache Rasch-Modell Gültigkeit besitzt [Tutz und Schauberger, 2013].

In Abschnitt 2.6 wurde für Modell (2.13) mit globalem Populationseffekt ein zweistufiges Schätzverfahren zur Identifizierung des globalen Parameters $\boldsymbol{\gamma}$ vorgestellt. Die konkrete Umsetzung der Schätzung sieht folgendermaßen aus:

1. Schätze Modell (2.13) wie im bisherigen Kapitel beschrieben, äquivalent zu Modell (2.11), ohne den zusätzlichen Parameter $\boldsymbol{\gamma}$ zu berücksichtigen. Als Ergebnis erhält man die Parameter $\hat{\theta}_p^{[\text{neu}]}$, $\hat{\beta}_i^{[\text{neu}]}$ und $\hat{\boldsymbol{\gamma}}_i^{[\text{neu}]}$ mit $p = 1, \dots, P$, $i = 1, \dots, I$.

2. Berechne ein lineares Regressionsmodell der geschätzen Parameter $\hat{\theta}_p^{[\text{neu}]}$ auf die Kovariablenvektoren $\mathbf{x}_p$.

Die Modellgleichung sieht folgendermaßen aus:

$$\hat{\theta}_p^{[\text{neu}]} = \alpha_0 + \boldsymbol{x}_p^T \boldsymbol{\alpha} + \epsilon_p\,, \quad p = 1, \ldots, P \tag{3.20}$$

Für die Fehlerterme gelte, wie im linearen Modell, dass $\epsilon_p \sim N(0, \sigma^2)$. Näheres dazu findet man in [Fahrmeir et al., 2003].

Modell (3.20) liefert keine direkte Schätzung des Parameters $\boldsymbol{\gamma}$. Der Modelloutput gibt jedoch an, welcher Teil der Varianz der geschätzten Fähigkeiten durch die Kovariablen $\mathbf{x}$ erklärt werden kann, nachdem die relevanten itemmodifizierenden Effekte bereits berücksichtigt wurden [Tutz und Schauberger, 2013]. Der Parameter $\boldsymbol{\alpha}$ lässt sich als Unterschied der geschätzten Fähigkeit zwischen den Gruppen, die durch die Kovariablen $\mathbf{x}$ gebildet werden, interpretieren. Im einfachsten Fall ist x_p die Realisierung einer binären Variable, z. B. Geschlecht. Sei $\mathrm{x}_p = 1$ für eine männliche Person und $\mathrm{x}_p = 0$ für eine weibliche Person. Für die geschätzte Fähigkeit $\hat{\theta}_p$ ergibt sich nach Modell (3.20) $\alpha_0 + \alpha$ für Männer und α_0 für Frauen.
Der Parameter α entspricht in diesem Beispiel dem Unterschied der geschätzten Fähigkeiten zwischen Männern und Frauen.
Im dritten Teil der Simulation in Abschnitt 5.3 werden zwei Simulationsszenarien betrachtet. In den zugehörigen Daten wird der grundsätzliche Fähigkeitsunterschied nur bezüglich einer binären Kovariable modelliert. Ziel ist es, eine signifikante Schätzung des zugehörigen Parameters α zu erhalten.

3.6 Einführung einer Threshold-Regel

Wie in der bisherigen Arbeit beschrieben, ist das Ziel der Schätzung der vorliegenden Modelle die Extrahierung der relevanten itemmodifizierenden Effekte. Durch regularisierte Schätzung mithilfe des Boosting-Algorithmus

sollen diejenigen Parametervektoren γ_i, für die das einfache Rasch-Modell (2.5) nicht gültig ist, ungleich Null geschätzt werden.
Bei Verwendung der Funktion `gamboost` aus dem Paket `mboost` werden alle Parameter in das endgültige Modell aufgenommen, die in einem Boosting-Schritt wenigstens einmal durch die Basis-Methode aktualisiert wurden. Dies kann zum Ergebnis führen, dass einige γ_i von Null verschieden sind, aber sehr kleine Werte nahe bei Null annehmen, da sie nur einmal oder sehr selten zur Schätzung herangezogen wurden. Man kann davon ausgehen, dass der wahre Wert einer Schätzung, die sehr nahe bei Null ist, tatsächlich Null ist.
Um dies zu berücksichtigen und die Identifizierung der relevanten item-modifizierenden Effekte zu verbessern, wird eine zusätzliche Threshold-Regel definiert, welche die Variablenselektion beeinflusst. Festgelegt wird ein Threshold, der

- die minimale Anzahl an Boosting-Iterationen, in denen der Parametervektor γ_i aktualisiert wurde oder
- die minimale Größe des geschätzten Parametervektors γ_i

angibt, die vorhanden sein muss, damit der Parameter ins Modell aufgenommen wird. Andernfalls bleibt die Parameterschätzung exakt gleich Null. Im ersten Fall sei m_{γ_i} die Anzahl an Iterationen, in denen der Parametervektor γ_i aktualisiert wurde. Die relative Häufigkeit in Boosting-Schritt m ist dann gleich $\frac{m_{\gamma_i}}{m}$. Geht man davon aus, dass alle γ_i gleichwertig sind, so sollte jeder Parametervektor mit relativer Häufigkeit $\frac{1}{I}$ aktualisiert werden. Für Item i betrachtet man in jedem Boosting-Schritt m die tatsächliche Auswahlhäufigkeit relativ zur durchschnittlichen Auswahlhäufigkeit, nämlich:

$$\text{th}_i(m) = \frac{m_{\gamma_i}}{m} \cdot I \qquad (3.21)$$

Ein Wert $\text{th}_i(m) = 0.5$ bedeutet inhaltlich, dass Item i halb so häufig ausgewählt wurde, als durchschnittlich zu erwarten ist.
Im zweiten Fall wird als Wert für die Größe des Vektors $\boldsymbol{\gamma}_i$ die euklidische Norm $\|\boldsymbol{\gamma}_i\| = \sqrt{\gamma_{i1}^2, \ldots, \gamma_{iQ}^2}$ betrachtet. Diese setzt man in jedem Boosting-Schritt m in Relation zur mittleren euklidischen Norm aller Parametervektoren $\boldsymbol{\gamma}_i$, nämlich:

$$\text{th}_i(m) = \frac{\|\boldsymbol{\gamma}_i\|_m}{\frac{1}{I}\sum_{i=1}^{I}\|\boldsymbol{\gamma}_i\|_m} \tag{3.22}$$

dabei steht $\|\cdot\|_m$ jeweils für die euklidische Norm in Iteration m.
Bei Schätzung der Modelle mit zusätzlicher Threshold-Regel wird schließlich folgendermaßen vorgegangen:

1. Schätze das Modell mit der Funktion `gamboost` mit $m_{\text{stop}} >> m^*_{\text{stop}}$.
2. Lege einen Vektor mit kritischen Treshold-Werten fest.
3. Berechne für jede Iteration m die Werte $\text{th}_i(m)$, $i = 1, \ldots, I$, $m = 1, \ldots, m_{\text{stop}}$.
4. Setze für jede Iteration m und jeden Threshold alle $\boldsymbol{\gamma}_i$ gleich Null, für die gilt, dass $\text{th}_i(m) <$ Threshold.
5. Berechne für jede Iteration und jeden Threshold das zugehörige BIC.
6. Wähle das Modell mit dem minimalen BIC. Das Minimum bestimmt sich in Abhängigkeit der Iteration und des Thresholds.

In der Simulation, Kapitel 5, wird im ersten Schritt die Boosting-Schätzung ohne zusätzliche Threshold-Regel durchgeführt. Anhand der Ergebnisse lässt sich feststellen, in welchen Fällen eine Threshold-Regel zur Verbesserung der Variablenselektion notwendig ist. Diese wird im zweiten Schritt hinzugenommen, um die Selektion - wenn möglich - zu verbessern. Dabei soll auch die Frage beantwortet werden, welche der beiden vorgestellten Methoden zu besseren Ergebnissen führt.

4 Alternative Schätzmethoden

4.1 Penalisierung der Likelihood

Wie zu Beginn von Kapitel 3 erläutert, sind für die Schätzung der betrachteten Item-Response-Modelle regularisierte Schätzverfahren notwendig. Eine Alternative zur Schätzung mithilfe von Boosting-Methoden ist die penalisierte Maximum-Likelihood-Schätzung. Im Allgemeinen werden die Parameterschätzungen hierbei durch Maximierung einer penalisierten Form der log-Likelihood bestimmt. Sei $\boldsymbol{\delta}$, äquivalent zur Notation in Abschnitt 2.4, der Vektor der zu schätzenden Parameter $\boldsymbol{\delta}^T = (\boldsymbol{\theta}^T, \boldsymbol{\beta}^T, \boldsymbol{\gamma}_1^T, \ldots, \boldsymbol{\gamma}_I^T)$, so lautet die penalisierte Log-Likelihood [Tutz und Schauberger, 2013]:

$$\ell_{\text{pen}}(\boldsymbol{\delta}) = \ell(\boldsymbol{\delta}) - \lambda J(\boldsymbol{\delta}), \tag{4.1}$$

wobei $\ell(\boldsymbol{\delta})$ die gewöhnliche log-Likelihood (3.4) darstellt.
$J(\boldsymbol{\delta})$ ist ein Penalisierungsterm, der die Parametervektoren auf bestimmte Weise bestraft. Die Stärke der Bestrafung wird durch den Tuning-Parameter λ bestimmt.
Eine Penalisierung, die sich im vorliegenden Fall eignet, ist die L_1-Penalisierung, da sie bewirkt, dass Variablen selektiert werden. Diese Penalisierung wird auch mit Lasso (least absolute shrinkage and selection operator) bezeichnet. Allgemeines zur Theorie über L_1-Penalisierung findet man in [Hastie et al., 2009]. Eine Verallgemeinerung dieser Penalisierung ist die Group-Lasso-Penalisierung. Durch diese erreicht man zusätzlich, dass alle Komponenten einer mehrkategorialen Kovariable oder eines Parametervektors gleichzeitig auf Null geschrumpft werden [Hastie et al., 2009]. Tutz und Schauberger [2013] verwenden diesen Penalisierungsansatz zur Modellierung itemmodifizierender Effekte in den vorgestellten Rasch-Modellen (2.11) und (2.13). Mit $\boldsymbol{\gamma}_i^\top = (\gamma_{i1}, \ldots, \gamma_{iQ})$ lautet der verwendete Group-

Lasso-Penalisierungsterm:

$$J(\boldsymbol{\delta}) = \sum_{i=1}^{I} \|\boldsymbol{\gamma}_i\|, \tag{4.2}$$

wobei $\|\boldsymbol{\gamma}_i\| = \sqrt{\gamma_{i1}^2, \ldots, \gamma_{iQ}^2}$.
Der Penalisierungs-Term (4.2) beinhaltet nur die Parameter $\boldsymbol{\gamma}_i$. Das hat den Effekt, dass die Personen-Parameter θ_p und die Item-Parameter β_i des einfachen Rasch-Modells (2.5) vollständig ins Modell aufgenommen werden. Im Fall des Boostings wird dies durch eine Schätzung in zwei Schritten realisiert (siehe Abschnitt 3.3).

Bei Verwendung der Group-Lasso-Penalisierung (4.2) gilt ebenfalls, dass $\boldsymbol{\gamma}_i = \mathbf{0}$ oder $\gamma_{iq} \neq 0 \; \forall \, q = 1, \ldots, Q$. Regularisierung erreicht man über den Parameter λ. Im Fall, dass $\lambda = 0$, erhält man die vollständige Maximum-Likelihood-Schätzung. Falls $\lambda \to \infty$, wird das einfache Rasch-Modell ohne itemmodifizierende Effekte geschätzt. Die Wahl des optimalen Tuning-Parameters λ wird mithilfe eines BIC getroffen [Tutz und Schauberger, 2013].

Die Simulationen in Kapitel 5 sind identisch zu denen, die in [Tutz und Schauberger, 2013] vorgestellt werden. In Abschnitt 5.2.1 werden die Ergebnisse der Boosting-Schätzung und der Schätzung mit Group-Lasso-Penalisierung miteinander verglichen.

4.2 Methoden zum Vergleich mehrerer Gruppen

Stellt man die Item-Response-Modelle aus Kapitel 2 in Form logistischer Regressionsmodelle dar (Abschnitt 2.4) und schätzt diese mithilfe von Boosting, so ist eine der Stärken, dass die Anzahl an Kovariablen der Modelle beliebig groß sein kann. Insbesondere kann sie deutlich größer sein als 1.

Eine zweite Stärke dieser Betrachtungsweise ist, dass die Kovariablen der Modelle nicht nur binär oder kategorial, sondern auch stetig sein können. Existierende Methoden, um Items mit itemmodifizierenden Effekten zu identifizieren, sind diesbezüglich deutlich eingeschränkt. Magis et al. [2010] stellen eine Übersicht an Methoden zur Bestimmung itemmodifizierender Effekte in Bezug auf eine binäre Kovariable zur Verfügung. Drei Verfahren, die sich im Fall gleichmäßiger itemmodifizierender Effekte anwenden lassen, werden im Folgenden kurz beschrieben.

Mantel-Haenszel

Die erste Methode, die nicht auf der Item-Response-Theorie basiert, ist die Mantel-Haenszel (MH) Methode. Bedingt auf das Gesamtergebnis des Tests wird untersucht, ob ein Zusammenhang zwischen Gruppenzugehörigkeit der Person und Beantwortung der Items des Tests besteht.
Sei I die Anzahl an Items des Tests und p_i, $i = 1, \ldots, I$ die Anzahl an Personen mit Gesamtergebnis i, d.h. mit i korrekt beantworteten Items. Dann betrachtet man für die p_i Personen pro Item eine 2 x 2-Kontingenztafel, wie sie für den Fall zweier Gruppen in Tabelle 4.1 dargestellt ist.

	richtig	falsch	
Gruppe 1	a_i	b_i	p_{1i}
Gruppe 2	c_i	d_i	p_{2i}
	p_{ri}	p_{fi}	p_i

Tabelle 4.1: Kontingenztafel der p_i Personen für ein beliebiges Item zur Berechnung der MH-Teststatistik.

Mit der Notation, wie sie in Tabelle 4.1 eingeführt wurde, lautet die MH-

Teststatistik:

$$\mathrm{MH} = \frac{\left(|\sum_{i=1}^{I} a_i - \sum_{i=1}^{I} \mathbb{E}(a_i)| - 0.5\right)^2}{\sum_{i=1}^{I} \mathrm{Var}(a_i)}, \quad \text{mit} \tag{4.3}$$

$$\mathbb{E}(a_i) = \frac{p_{1i}\, p_{ri}}{p_i} \quad \text{und} \quad \mathrm{Var}(a_i) = \frac{p_{1i}\, p_{2i}\, p_{ri}\, p_{fi}}{p_i^2 (p_i - 1)}$$

Unter der Nullhypothese, dass kein Unterschied zwischen den beiden Gruppen bzgl. des betrachteten Items vorhanden ist, ist die MH-Teststatistik asymptotisch χ^2-verteilt mit einem Freiheitsgrad. Die Nullhypothese wird abgelehnt, falls die MH-Statistik größer ist als der kritische Wert der χ^2-Verteilung [Magis et al., 2010]. Die MH-Methode kann auch auf den Fall mehrerer Gruppen erweitert werden und ist in `R` im Paket `difR` [Magis et al., 2013] in der Funktion `difGMH` implementiert.

Logistische Regression

Eine zweite Möglichkeit zur Bestimmung von Items mit itemmodifizierenden Effekten ist die Verwendung eines logistischen Regressionsmodells. Magis et al. [2011] stellen ein generalisiertes Verfahren für den Vergleich mehrerer Gruppen bzgl. einer mehrkategorialen Kovariable vor.
Sei im Folgenden S_p das Testergebnis von Person p mit $S_p \in \{0, \dots, I\}$, R die Variable der Gruppenzugehörigkeit mit $\mathrm{R} \in \{1, \dots, k\}$ und π_{pR} die Wahrscheinlichkeit, dass Person p aus Gruppe R das Item richtig beantwortet. Nimmt man an, dass das Testergebnis für die Fähigkeit der Person steht, so betrachtet man zum Test auf gleichmäßige itemmodifizierende Effekte ein logistisches Regressionsmodell mit Linkfunktion

$$\mathrm{logit}(\pi_{pR}) = \alpha_0 + \alpha S_p + \alpha_R \tag{4.4}$$

und testet die Nullhypothese

$$\begin{aligned} H_0 &: \alpha_1 = \cdots = \alpha_k = 0 \quad \text{vs.} \\ H_1 &: \alpha_R \neq 0 \quad \text{für mind. ein R} \in \{1, \ldots, k\}. \end{aligned} \tag{4.5}$$

Inhaltlich bedeutet die Nullhypothese, dass die Wahrscheinlichkeit einer richtigen Antwort nur vom Ergebnis der Testperson und nicht zusätzlich von der Gruppenzugehörigkeit der Person abhängt. Kann die Nullhypothese abgelehnt werden, wird die Schwierigkeit des betrachteten Items von der Kovariable beeinflusst. Die Durchführung des Tests kann mithilfe des Wald-Tests oder des Likelihood-Ratio-Tests erfolgen (siehe dazu [Magis et al., 2011]). Der Test ist im `difR`-Paket in der Funktion `difGenLogistic` implementiert.

Lord's χ^2-Test

Eine dritte Methode zur Untersuchung, ob Items itemmodifizierende Effekte aufweisen, ist ein χ^2-Test nach Lord. Dieser beruht auf der Schätzung eines beliebigen Item-Response-Modells. Für den einfachen Fall einer binären Kovariable, die zwei Gruppen kodiert, lautet die Teststatistik des einfachen Rasch-Modells (2.5) für Item i [Magis et al., 2010]:

$$\mathbb{Q}_i = \frac{(\boldsymbol{\beta}_{i1} - \boldsymbol{\beta}_{i2})^2}{\hat{\sigma}_{i1}^2 + \hat{\sigma}_{i2}^2}, \tag{4.6}$$

wobei $\boldsymbol{\beta}_{i1}$ und $\boldsymbol{\beta}_{i2}$ die Vektoren der Item-Schwierigkeiten der beiden Gruppen und $\hat{\sigma}_{i1}$ und $\hat{\sigma}_{i2}$ die zugehörigen geschätzten Standardabweichungen in den beiden Gruppen darstellen. Mit Teststatistik (4.6) wird die Nullhypothese überprüft, ob alle Item-Parameter des Modells in den Gruppen, die durch die Kovariable gebildet werden, gleich sind [Magis et al., 2010].

Lord's χ^2-Test ist ebenfalls im `difR`-Paket in der Funktion `difGenLord` umgesetzt.

In Abschnitt 5.2.2 werden die drei beschriebenen Methoden auf simulierte Daten angewendet und die Ergebnisse der Selektion mit den Ergebnissen der Boosting-Schätzung zur Modellierung itemmodifizierender Effekte verglichen.

5 Simulation

Der Boosting-Algorithmus zur Schätzung itemmodifizierender Effekte, der in Kapitel 3 dargestellt wurde, wird im Folgenden in einer Simulationsstudie auf seine Funktionalität überprüft. Es gilt herauszufinden, wie gut sich der Algorithmus zur Modellierung itemmodifizierender Effekte eignet und welche der variablen Komponenten der Schätzung die besten Ergebnisse liefern. Dies betrifft insbesondere die Berechnung der Freiheitsgrade (Abschnitt 3.4) und die zusätzliche Threshold-Regel (Abschnitt 3.6). Im Hauptteil der Simulation, Abschnitt 5.1, wird das Rasch-Modell mit itemmodifizierenden Effekten (2.11) in Betracht gezogen. Die Ergebnisse der Boosting-Schätzung werden anschließend in Abschnitt 5.2 mit den Ergebnissen der penalisierten Maximum-Likelihood-Schätzung, welche in Abschnitt 4.1 kurz eingeführt wurde, verglichen. Außerdem wird ein weiteres Simulationsszenario für den Vergleich mit den Methoden für mehrere Gruppen (Abschnitt 4.2) betrachtet. Im letzten Teil der Simulation, Abschnitt 5.3, wird das zweistufige Schätzverfahren für das Modell mit zusätzlichem Populationseffekt (2.13) analysiert.

5.1 Simulation des Rasch-Modells mit itemmodifizierenden Effekten

Im folgenden Abschnitt wird eine Simulationsstudie für das Rasch-Modell mit itemmodifizierenden Effekten aus Abschnitt 2.2 vorgestellt und deren Ergebnisse analysiert.

5.1.1 Simulationsaufbau

Die Datensätze der Simulation $(y_{pi}, \mathbf{x}_p, \mathbf{z}_{pi})$ sind nach der in Abschnitt 2.4 vorgestellten Modellgleichung (2.11) gebildet.

$$\log\left(\frac{P(y_{pi}=1|\mathbf{z}_{pi})}{1-P(y_{pi}=1|\mathbf{z}_{pi})}\right)=\mathbf{1}_{P(p)}^T\boldsymbol{\theta}-\mathbf{1}_{I(i)}^T\boldsymbol{\beta}-\mathbf{x}_p^T\boldsymbol{\gamma}_i=\eta_{pi}$$
$$\Leftrightarrow P(y_{pi}=1|\mathbf{z}_{pi})=\frac{\exp(\eta_{pi})}{1+\exp(\eta_{pi})} \tag{5.1}$$

Folgende Parameter sind für die Simulation der Datensätze des Modells relevant:

1. θ_p: Parameter der Fähigkeit von Person p

   P: Anzahl der Personen

2. β_i: Parameter der Schwierigkeit von Item i

   I: Anzahl der Items

3. $\mathbf{x}_p$: Kovariablen von Person p

   Q: Anzahl der Kovariablen

4. $\boldsymbol{\gamma}_i$: Itemmodifizierende Effekte

   $\mathrm{I_{dif}}$: Anzahl an Items mit itemmodifizierenden Effekten

In der Simulationsstudie werden insgesamt fünf verschiedene Parameter-Kombinationen (Szenarien) betrachtet. Für jedes der Szenarien werden wiederum drei Fälle mit unterschiedlicher Stärke der itemmodifizierenden Effekte untersucht. Es werden Datensätze mit starken, mittleren und schwachen Effekten simuliert.

Bestimmte Spezifikationen sind für alle Szenarien gleich:

- Die Personen- und Item-Parameter sind standardnormalverteilt:

  $\theta_p,\ \beta_i \sim N(0,1)$

- Anzahl an Kovariablen: $Q = 5$
- Die Verteilung der Kovariablen $\mathbf{x}$ lautet:

  $\mathrm{x}_1 \sim B(1, 0.5)$, $\mathrm{x}_3 \sim B(1, 0.3)$ und

  x_2, x_4 und $\mathrm{x}_5 \sim N(0, 1)$

  Die Kovariablen $\mathbf{x}$ werden jeweils standardisiert. Jede Komponente hat anschließend eine Varianz von 1.
- Die ersten vier Parameter $\boldsymbol{\gamma}_i$ sind:

  $\boldsymbol{\gamma}_1^\top = (-0.8, 0.6, 0, 0, 0.8)$, $\boldsymbol{\gamma}_2^\top = (0, 0.8, -0.7, 0, 0.7)$,

  $\boldsymbol{\gamma}_3^\top = (0.6, 0, 0.8, -0.8, 0)$ und $\boldsymbol{\gamma}_4^\top = (0, 0, 0.8, 0.7, -0.5)$
- Stärke der itemmodifizierenden Effekte:

  $\gamma_{iq} = \gamma_{iq} \cdot 1$ (stark), $\gamma_{iq} = \gamma_{iq} \cdot 0.75$ (mittel) und

  $\gamma_{iq} = \gamma_{iq} \cdot 0.5$ (schwach)

Ein allgemeines Maß für die Stärke der itemmodifizierenden Effekte ist die Varianz V_i der Item-Parameter $\beta_i + \mathbf{x}_p^\top \boldsymbol{\gamma}_i$. Falls die Komponenten in $\mathbf{x}_p$ unabhängig sind, gilt:

$$V_i = \mathrm{Var}(\beta_i + \mathbf{x}_p^\top \boldsymbol{\gamma}_i) = \underbrace{\mathrm{Var}(\beta_i)}_{=0} + \mathrm{Var}(\sum_{q=1}^{Q} x_{pq}\gamma_{iq}) =$$

$$= \sum_{q=1}^{Q} \gamma_{iq}^2 \underbrace{\mathrm{Var}(x_{pq})}_{=1} = \sum_{q=1}^{Q} \gamma_{iq}^2 \tag{5.2}$$

Der Durchschnitt von $\frac{1}{Q} \cdot \sqrt{V_i}$ über alle Items mit itemmodifizierenden Effekten ergibt eine Kennzahl für die Stärke der itemmodifizierenden Effekte dieser Items [Tutz und Schauberger, 2013]. Für die Datensätze der

Simulation ergeben sich die Werte 0.25 (stark), 0.1875 (mittel) und 0.125 (schwach).

Die Ausprägungen der variierenden Parameter, anhand derer sich die fünf Szenarien unterscheiden, sind in Tabelle 5.1 aufgelistet.

Szenario	1	2	3	4	5
P	250	500	500	500	500
I	20	20	20	40	20
I_{dif}	4	4	8	8	4

Tabelle 5.1: Übersicht über die Parameter-Kombinationen der fünf Szenarien der Simulation.

In Tabelle 5.1 sind jeweils die Werte unterstrichen, die sich im Vergleich zum vorherigen Szenario verändern. Für die Parametervektoren γ_i in Szenario 3 und 4 (mit $I_{dif}=8$) gilt, dass $\gamma_5, \ldots, \gamma_8 = \gamma_1, \ldots, \gamma_4$. Alle anderen Parameter γ_i der Items ohne itemmodifizierende Effekte sind jeweils entsprechend gleich Null.

Die Parameter-Kombination von Szenario 5 ist identisch zu der von Szenario 2. Dieses Szenario unterscheidet sich jedoch durch eine andere Besonderheit von allen anderen Szenarien. In diesem Fall ist die Personen-Fähigkeit θ_p mit der Ausprägung der ersten Kovariable x_1 korreliert. Es gilt:

$$\theta_p \sim \begin{cases} N(0,1), \text{ falls } x_{1p} = 0 \\ N(1,1), \text{ falls } x_{1p} = 1. \end{cases} \tag{5.3}$$

In diesen Datensätzen ist ein genereller Fähigkeitsunterschied der beiden Gruppen, die durch die Kovariable x_1 gebildet werden, vorhanden. Dieses Phänomen wird bei der Modellierung in diesem Abschnitt nicht berück-

sichtigt. Im erweiterten Modell (2.13) entspricht es dem Effekt des globalen Parameters γ. Dieses wird im letzten Teil dieses Kapitels, Abschnitt 5.3, behandelt.
Für jedes der fünf Szenarien werden je 100 Datensätze mit starken, mittleren und schwachen itemmodifizierenden Effekten generiert.

5.1.2 Funktion zur Durchführung der Schätzung

Die Durchführung der Boosting-Schätzung erfolgt schrittweise, wie es in den Abschnitten 3.3 bis 3.6 beschrieben ist. Berechnet werden die Boosting-Ergebnisse in `R` mit der Funktion `boostIME` (**boost**ing **I**tem **M**odifizierende **E**ffekte). Der zugehörige R-Code ist in der Datei *boostIME.R* verfügbar. Der Kopf der Funktion sieht folgendermaßen aus:

```
boostIME <- function(Y,DM_kov,mstop,
          df_method=c("trace","actset"),
          thresh_method=c("no_thresh","freq_rel","size_quad"),
          thresh=seq(0,1,by=0.1),
          dfs_trace=c())
```

Der Funktion `boostIME` werden die Matrix mit den Realisierungen der Zielgröße `Y` $\in \mathbb{R}^{P\times I}$, die Designmatrix der Kovariablen `DM_kov` $\in \mathbb{R}^{P\times Q}$ und die Anzahl zu berechnender Iterationen `mstop` $= \mathrm{m}_{\mathrm{stop}}$ übergeben.
Die optimale Anzahl an Iterationen wird mithilfe des BIC bestimmt (siehe Abschnitt 3.4). Die Freiheitsgrade können entweder über die aktuelle Anzahl an Parametern im Modell, `df_method="actset"`, oder über die Spur der Hat-Matrix bestimmt werden, `df_method="trace"`. In den weiteren Darstellungen werden für diese beiden Fälle die Bezeichnungen „actset“ und „trace“ verwendet.
Mit der Option `thresh_method="no_thresh"` wird die Boosting-Schätzung ohne zusätzliche Threshold-Regel berechnet. Durch `"freq_rel"` wird als

Threshold-Kriterium die minimale Anzahl an Iterationen, in denen der Parametervektor γ_i aktualisiert wurde, und durch `"size_quad"` die euklidische Norm der Parameterschätzungen $\hat{\gamma}_i$ verwendet (siehe Abschnitt 3.6). In den weiteren Darstellungen werden für diese beiden Fälle die Bezeichnungen „freq“ und „size“ verwendet. Der Vektor der kritischen Threshold-Werte wird durch das Argument `thresh` übergeben.

Im Fall trace werden die Freiheitsgrade über die Funktion `AIC` aus dem Paket `mboost` berechnet. Wurden diese im Vorfeld bereits für das Modell bestimmt, so können diese der Funktion direkt über das Argument `dfs_trace` übergeben werden.

5.1.3 Auswertung des ersten Simulationsszenarios

In diesem Abschnitt werden alle Ergebnisse und Auswertungen des ersten Simulationsszenarios aus Tabelle 5.1 dargestellt und diskutiert.

In Abbildung 5.1 sieht man die Koeffizienten-Pfade beispielhaft für den ersten Datensatz mit starken itemmodifizierenden Effekten. In Betracht gezogen wird die Boosting-Schätzung ohne zusätzlichen Threshold. Abgetragen sind die Werte der Koeffizienten γ_{iq} in Abhängigkeit der Iteration m. Die Koeffizienten der Items mit itemmodifizierenden Effekten $\gamma_1, \ldots, \gamma_4$ sind in Graustufen gekennzeichnet. Die Parameter der Parametervektoren eines Items besitzen dieselbe Graustufe. Die Koeffizienten $\gamma_5, \ldots, \gamma_{20}$ sind durch schwarze Linien zu sehen. Eingezeichnet ist in Abbildung 5.1 mit gestrichelten Linien die optimale Anzahl an Iterationen nach dem BIC bei Berechnung der Freiheitsgrade über die aktuelle Anzahl an Parametern (actset) und über die Spur der Hat-Matrix (trace). Aus der Graphik wird ersichtlich, dass jeweils alle Komponenten eines Parametervektors γ_i gemeinsam aktualisiert werden, da sich alle fünf Pfade gleichzeitig von der Nulllinie entfernen. Es gilt: $\hat{\gamma}_i = \mathbf{0}$ oder $\hat{\gamma}_{iq} \neq 0 \ \forall \ q = 1, \ldots, Q$. Bei

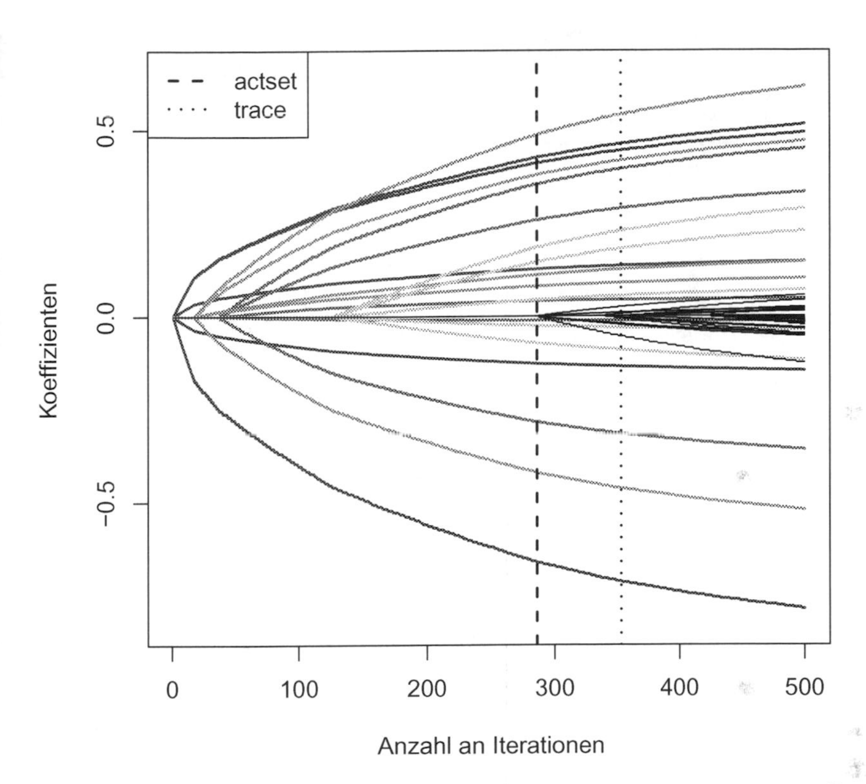

Abb. 5.1: Koeffizientenpfade der Parameter γ_{iq} für Datensatz 1 von Szenario 1 mit starken Effekten. Eingezeichnet ist zusätzlich die optimale Anzahl an Iterationen nach dem BIC (gestrichelte Linien).

m_{stop}=0 liegt das reine Rasch-Modell ohne itemmodifizierende Effekte vor, bei m_{stop}=500 sind nahezu alle Koeffizienten $\hat{\gamma}_{iq}$ ungleich Null.

Ziel der Berechnung ist die korrekte Identifizierung der Items, die itemmodifizierende Effekte aufweisen. Ein optimales Ergebnis der Berechnungen liegt dann vor, wenn die Parametervektoren $\gamma_1, \ldots, \gamma_4$ ungleich Null und alle anderen Parameter γ_i, $i = 5, \ldots, 20$ gleich Null geschätzt werden. Aus Abbildung 5.1 wird ersichtlich, dass in beiden Fällen alle Items, die itemmodifizierende Effekte aufweisen, erkannt werden. Im Fall actset ist die Selektion perfekt, da $\hat{\gamma}_5, \ldots, \hat{\gamma}_{20}$ gleich Null gesetzt sind. Im Fall trace ist die Selektion hingegen nicht perfekt, da nicht alle Items ohne itemmodifizierende Effekte gleich Null geschätzt werden. Das optimale Modell nach dem BIC ist in diesem Fall zu groß.

Die Parameterschätzungen $\hat{\gamma}_{iq}$ aller 100 Datensätze mit starken Effekten sind in Abbildung 5.2 in Form von Boxplots dargestellt. Zusätzlich sind jeweils die wahren Parameter-Werte γ_{iq} mit Dreiecken eingezeichnet.

In der oberen Graphik in Abbildung 5.2 sieht man, dass nur bei einer Schätzung γ_{19} fälschlicherweise ins Modell aufgenommen wird. In allen anderen Fällen sind $\hat{\gamma}_5, \ldots, \hat{\gamma}_{20}$ gleich Null. Die Parameterschätzungen $\hat{\gamma}_1, \ldots, \hat{\gamma}_4$ sind deutlich kleiner als die wahren Werte, falls diese von Null verschieden sind. Anhand der Boxplots wird ersichtlich, dass viele der zugehörigen Parameterschätzungen $\hat{\gamma}_{iq}$ gleich Null sind. Dies bedeutet, dass nicht alle Items mit itemmodifizierenden Effekten ins Modell aufgenommen werden und somit die Selektion nicht funktioniert.

In der unteren Graphik in Abbildung 5.2, in der die Schätzungen im Fall trace zu sehen sind, zeigt sich ein anderes Bild. Im Vergleich zur oberen Graphik sind die Parameterschätzungen $\hat{\gamma}_1, \ldots, \hat{\gamma}_4$ der Items mit itemmodifizierenden Effekten deutlich näher an den wahren Werten. Insbesondere sind die Schätzungen immer ungleich Null, was bedeutet, dass alle Items mit itemmodifizierenden Effekten korrekt identifiziert werden. Wie schon im Beispiel in Abbildung 5.1 sind jedoch in einigen Fällen die Parameterschätzungen $\hat{\gamma}_5, \ldots, \hat{\gamma}_{20}$ von Null verschieden. Im Fall trace werden häufig zu viele Parametervektoren γ_i ins Modell aufgenommen, sodass das ge-

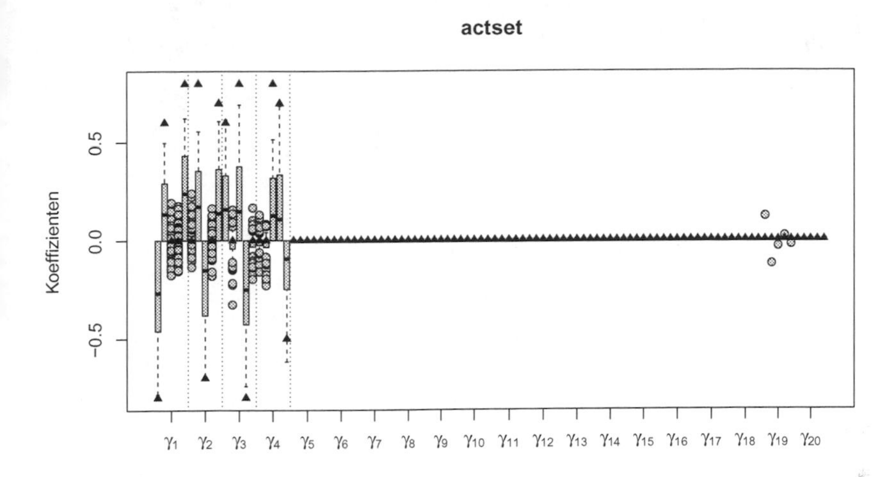

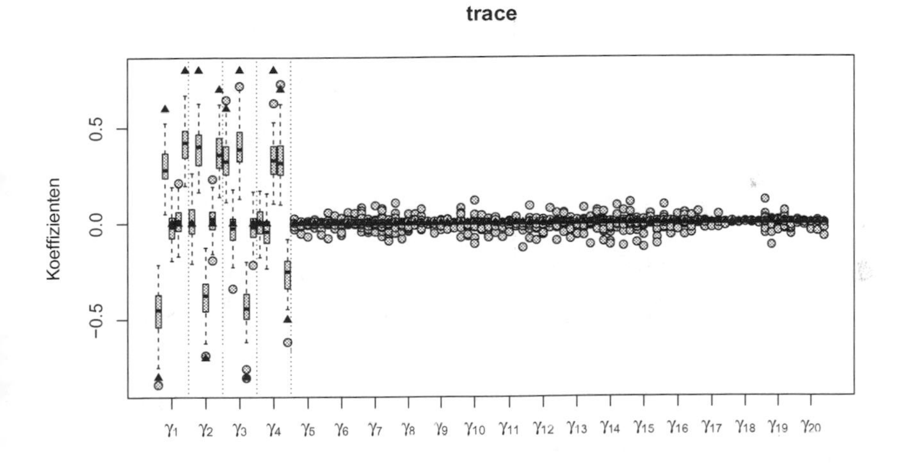

Abb. 5.2: Boxplots der geschätzten Parameter $\hat{\gamma}_{iq}$ von Szenario 1 mit starken Effekten für den Fall actset (oben) und trace (unten). Eingezeichnet sind zusätzlich die wahren Parameter-Werte γ_{iq} (Dreiecke).

schätzt optimale Modell größer ist als das zugrundeliegende wahre Modell. Zwei allgemeine Kennzahlen, die angeben, wie gut die Selektion funktioniert, sind:

- Anteil der korrekt spezifizierten Items mit itemmodifizierenden Effekten (richtig-positiv)
- Anteil der Items, für die fälschlicherweise itemmodifizierende Effekte geschätzt werden (falsch-positiv)

Tabelle 5.2 zeigt die Ergebnisse des Anteils richtig-positiver und falsch-positiver Items des ersten Simulationsszenarios der Schätzungen ohne zusätzlichen Threshold. Aufgelistet ist jeweils der Durchschnitt über alle 100 Datensätze. Die Freiheitsgrade des BIC wurden im ersten Fall über die aktuelle Anzahl an Parametern im Modell (actset) und im zweiten Fall über die Spur der Hat-Matrix (trace) bestimmt.

	richtig-positiv		**falsch-positiv**	
	actset	trace	actset	trace
stark	0.5100	1.0000	0.0006	0.1000
mittel	0.0175	0.9900	0.0000	0.0506
schwach	0.0000	0.7675	0.0000	0.0200

Tabelle 5.2: Durchschnittlicher Anteil der richtig-positiven und falsch-positiven Items von Szenario 1 der Simulation.

Aus Tabelle 5.2 wird ersichtlich, dass die Selektion im Fall actset im Allgemeinen sehr schlecht funktioniert. Ein durchschnittlicher richtig-positiv Anteil von 0.51 im Fall starker Effekte bedeutet, dass im Schnitt nur die Hälfte der relevanten itemmodifizierenden Effekte korrekterweise ins Modell aufgenommen werden. Sind mittlere oder schwache Effekte im Modell enthalten, liegt dieser Anteil bei 0.0175 bzw. 0. In diesen Fällen wird das einfache Rasch-Modell ohne itemmodifizierende Effekte angepasst. Die Freiheitsgrade über die aktuelle Anzahl an Parametern im Modell sind zu groß und das geschätzt optimale Modell meistens deutlich zu klein.

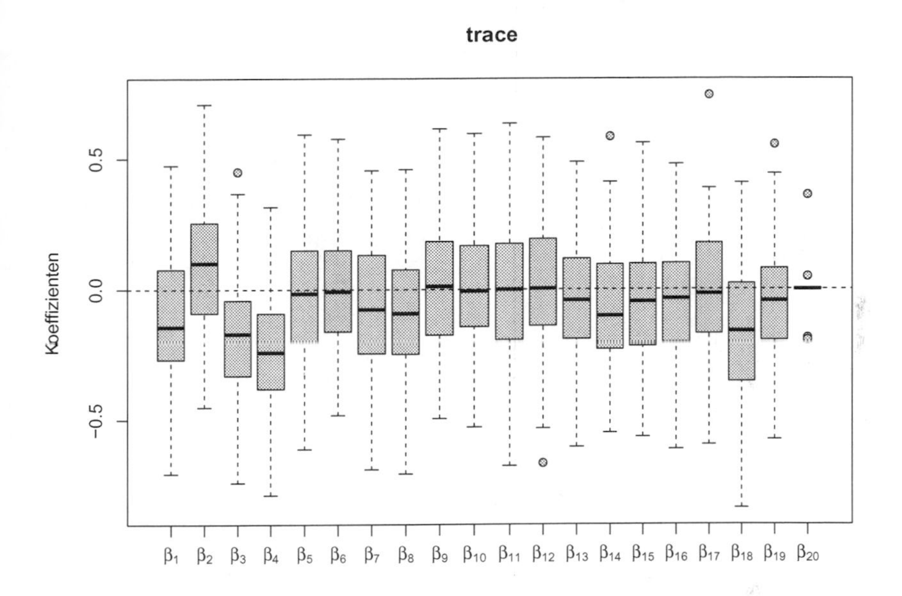

Abb. 5.3: Boxplots der geschätzten Parameter $\hat{\beta}_i$ von Szenario 1 mit starken Effekten.

Im Fall trace funktioniert die Selektion der itemmmodifizierenden Effekte hingegen gut. Falls starke Effekte vorliegen, erhält man einen richtig-positiv Anteil von 1 und alle Items mit itemmodifizierenden Effekten werden korrekt erkannt. Bei mittleren Effekten ist dies auch nahezu immer der Fall. Liegen schwache itemmodifizierende Effekte vor, so ist die Selektion schwerer und man erhält einen richtig-positiv Anteil von nur 0.7675. Trotz des zufriedenstellenden richtig-positiv Anteils, sind die falsch-positiv Anteile der Berechnungen mit trace zu hoch. Im Modell sind jeweils 16 Items ohne itemmodifizierende Effekte vorhanden. Der falsch-positiv Anteil von 0.1 im Fall starker Effekte bedeutet, dass jedes Modell um ein bis zwei Parametervektoren $\boldsymbol{\gamma}_i$ zu groß ist.

Die Parameterschätzungen der Item-Parameter $\hat{\beta}_i$ der 100 Datensätze mit starken Effekten sind in Abbildung 5.3 in Form von Boxplots zu sehen. Abgetragen sind die Schätzungen im Fall trace. Die Werte sind jeweils um den wahren Wert β_i zentriert. Wurde der Parameter korrekt geschätzt, so ist der resultierende Wert exakt Null. Die Nulllinie ist zusätzlich als gestrichelte Linie gekennzeichnet.

Aus Abbildung 5.3 ist erkennbar, dass die geschätzten Werte $\hat{\beta}_i$ größtenteils unauffällig um die wahren Werte schwanken. Lediglich die Schätzungen für Item 3 und 4 sind systematisch zu klein. Auch die Schätzungen für Item 1 und 18 sind weitgehend kleiner als die wahren Werte. Dies entspricht der allgemeinen Tendenz, dass die Parameter β_i eher leicht unterschätzt werden. Als Referenz-Item wird das maximale Item gewählt, für das $\hat{\gamma}_i = 0$ (vgl. Abschnitt 3.5). In den meisten Fällen fungiert Item 20 als Referenz-Item und der wahre und der geschätzte Wert sind gleich Null. Vier Schätzungen nehmen Item 20 fälschlicherweise ins Modell auf, sodass Item 19 als Referenz-Item festgelegt wird.

Als quantitatives Maß für die Güte der Schätzung der Parameter werden mittlere quadratische Fehler (MSE) in Betracht gezogen [Tutz und Schauberger, 2013]. Für die geschätzten Personen-Parameter θ_p ist der mittlere quadratische Fehler:

$$\text{MSE}_{\text{persons}} = \frac{1}{P} \sum_{p=1}^{P} (\hat{\theta}_p - \theta_p)^2 \tag{5.4}$$

Der mittlere quadratische Fehler der Item-Parameter $\beta_i + \mathbf{x}_p^\top \boldsymbol{\gamma}_i$ lautet:

$$\text{MSE}_{\text{items}} = \frac{1}{P \cdot I} \sum_{p=1}^{P} \sum_{i=1}^{I} \left\{ (\beta_i + \mathbf{x}_p^\top \boldsymbol{\gamma}_i) - (\hat{\beta}_i + \mathbf{x}_p^\top \hat{\boldsymbol{\gamma}}_i) \right\}^2 \tag{5.5}$$

Als Resultat der Simulation wird der Durchschnitt der beiden mittleren quadratischen Fehler über alle 100 Datensätze berechnet. Die Ergebnisse der mittleren quadratischen Fehler für Simulationsszenario 1 ohne zusätzlichen Threshold sind in Tabelle 5.3 eingetragen. Unterschieden werden wieder die Methoden actset und trace der Berechnung der Freiheitsgrade des BIC.

	$\mathbf{MSE}_{\text{persons}}$		$\mathbf{MSE}_{\text{items}}$	
	actset	trace	actset	trace
stark	0.3455	0.3448	0.2604	0.1474
mittel	0.3520	0.3522	0.2360	0.1308
schwach	0.3566	0.3566	0.1406	0.1140

Tabelle 5.3: Durchschnittliche mittlere quadratische Fehler der Personen- und Item-Parameter von Szenario 1 der Simulation.

Man kann ablesen, dass der MSE der Personen-Parameter weder von der Stärke der itemmodifizierenden Effekte noch von der Berechnung der Freiheitsgrade abhängt. Der durchschnittliche Wert schwankt in allen sechs Fällen in etwa um den Wert 0.35. Das Ergebnis ist nicht verwunderlich, da die Schätzung der Personen-Parameter θ_p unabhängig von der Modellselektion ist. Alle Personen-Parameter werden jeweils zunächst durch ein logistisches Regressionsmodell geschätzt und vollständig ins Modell aufgenommen. Im Fall schwacher Effekte sind die MSEs der Personen-Parameter sogar identisch. Die mittleren quadratischen Fehler der Item-Parameter unterscheiden sich hingegen deutlich. Wie schon aus Abbildung 5.2 ersichtlich, sind die Schätzungen der Parameter $\hat{\gamma}_1, \ldots, \hat{\gamma}_4$, der Items mit itemmodifizierenden Effekten im Fall trace deutlich besser als im Fall actset. Dementsprechend sind die geschätzten MSEs wesentlich kleiner. Die MSEs der Item-Parameter hängen außerdem von der Stärke der itemmodifizierenenden Effekte ab. Je geringer die im Modell vorhandenen Effekte sind, desto kleiner sind die geschätzten Fehler. Das liegt daran, dass die absoluten Werte γ_{iq} jeweils kleiner sind und die Abweichungen zur Schätzung damit auch entsprechend kleiner werden.

Alle bisherigen Analysen von Simulationsszenario 1 ergeben, dass die Selektion der itemmodifizierenden Effekte anhand des BIC gut funktioniert, falls man die Freiheitsgrade über die Spur der Hat-Matrix bestimmt. Die falsch-positiv Anteile in Tabelle 5.2 haben jedoch gezeigt, dass die Selektion nicht perfekt ist. Die geschätzt optimalen Modelle sind größer als das zugrundeliegende wahre Modell. Wie in Abschnitt 3.6 beschrieben wurde, bewirkt die Einführung einer Threshold-Regel, dass sehr kleine Parameterschätzungen $\hat{\gamma}_i$ durch vorheriges Nullsetzen nicht ins endgültige Modell aufgenommen werden. Dies sollte die Modellselektion verbessern, falls das selektierte Modell, wie es hier der Fall ist, zu groß ist. Der kritische Threshold, für den sich das optimale Modell ergibt, bestimmt sich für alle Berechnungen der Simulation aus einer Sequenz von 0 bis 1 mit elf Elementen. Betrachtet wird der Vektor $(0, 0.1, \ldots, 0.9, 1)$.

In Tabelle 5.4 sind die Anteile richtig-positiver und falsch-positiver Items als Durchschnitt der 100 Datensätze der Boosting-Schätzung für den Fall trace mit zusätzlichem Threshold eingetragen. Im ersten Fall wird der kritische Threshold mit der Anzahl an Boosting-Iterationen, in denen der Parametervektor $\boldsymbol{\gamma}_i$ aktualisiert wurde (freq) und im zweiten Fall mit der euklidischen Norm des Parametervektors $\boldsymbol{\gamma}_i$ (size) verglichen.

Die Ergebnisse aus Tabelle 5.4 zeigen, dass die Schätzung mit zusätzlicher

	richtig-positiv		**falsch-positiv**	
	freq	size	freq	size
stark	1.0000	1.0000	0.0138	0.0044
mittel	0.9800	0.9800	0.0094	0.0050
schwach	0.7350	0.7300	0.0094	0.0075

Tabelle 5.4: Durchschnittlicher Anteil der richtig-positiven und falsch-positiven Items von Szenario 1 der Simulation im Fall trace mit zusätzlichem Threshold.

Threshold-Regel die gewünschte Verbesserung der Selektion ergibt. Der Anteil falsch-positiver Items sinkt in allen Fällen deutlich in Richtung Null. Für die Schätzungen mit starken Effekten, die einen richtig-positiv Anteil von 1 ergeben, liegt der Anteil fälschlicherweise ins Modell aufgenommener Parameter nur noch bei 0.0138 bzw. 0.0044. Die Modellselektion ist in diesen Fällen perfekt. Ohne Threshold-Regel lag der falsch-positiv Anteil bei 0.1 (vgl. Tabelle 5.2). Es fällt auf, dass die Anteile richtig-positiver Items, falls mittlere oder schwache Effekte im Modell vorhanden sind, durch die zusätzliche Threshold-Regel leicht sinken. Dies verändert die Grundaussage über die Selektionsgüte jedoch nicht.

In Abbildung 5.4 sind die MSEs der Item-Parameter für die 100 Datensätze mit starken Effekten in Form von Boxplots dargestellt. Gegenübergestellt sind die Ergebnisse der Schätzung ohne Threshold und die Ergebnisse der beiden Schätzungen mit zusätzlichem Threshold.

Aufgrund der besseren Selektionsgüte verringert sich der mittlere quadratische Fehler der Item-Parameter $\beta_i + \mathbf{x}_p^\top \boldsymbol{\gamma}_i$ mit zusätzlicher Threshold-Regel sichtbar. Im Median sinkt der MSE von 0.13 auf 0.11 ab.

Ein Vergleich der beiden Threshold-Methoden ergibt, dass die Ergebnisse mit der euklidischen Norm der Parametervektoren besser sind als mit der minimalen Anzahl an Boosting-Iterationen. Die falsch-positiv Anteile im

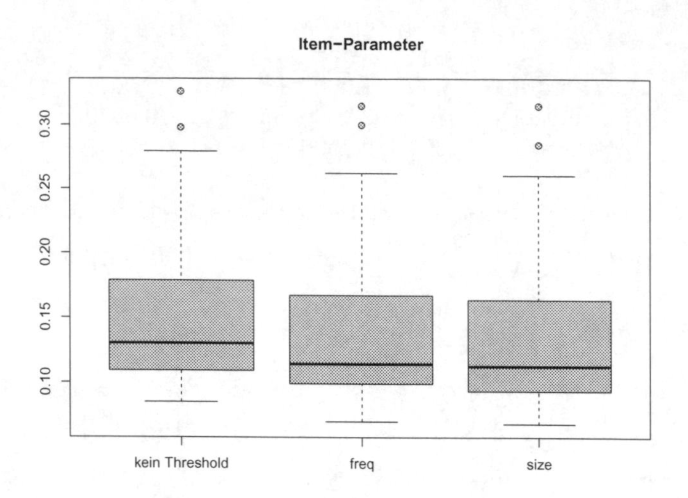

Abb. 5.4: Boxplot der MSEs der Item-Parameter der Datensätze mit starken Effekten. Verglichen werden die Ergebnisse mit und ohne zusätzlichen Threshold.

Fall size liegen deutlich unter einem Prozent (vgl. Tabelle 5.4). Anhand der Boxplots (Abbildung 5.4) lassen sich nur geringfügige Unterschiede zwischen den Methoden ausmachen. Die Werte im Fall size sind jedoch am niedrigsten.

In diesem Abschnitt wurden die Ergebnisse des ersten Simulationsszenarios mit 250 Personen und 20 Items analysiert. Die Modelle enthalten 4 Items mit itemmodifizierenden Effekten. Bestimmt man die Freiheitsgrade über die aktuelle Anzahl an Parametern im Modell, so funktioniert die Selektion itemmodifizierender Effekte sehr schlecht. Die alternative Methode, bei der die Freiheitsgrade über die Spur der Hat-Matrix bestimmt werden, funktioniert hingegen gut. Hier erhält man mit zusätzlicher Threshold-Regel für die Schätzungen mit starken und mittleren Effekten perfekte Selektionsergebnisse. Für die Analyse der weiteren Simulationsszenarien ist vor allem die Verbesserung der Selektionsgüte im Fall schwacher itemmodifizierender Effekte von Interesse.

5.1.4 Auswertung der weiteren Simulation

Im vorherigen Abschnitt 5.1.3 wurden die Ergebnisse des ersten Simulationsszenarios ausführlich analysiert. Die vorgestellten Kennzahlen werden im Folgenden für die Szenarien 2 bis 5 der Simulation ausgewertet und in Bezug zu den Ergebnissen von Szenario 1 gesetzt.

Tabelle 5.5 zeigt die Ergebnisse des Anteils richtig-positiver und falsch-positiver Items der Berechnungen ohne zusätzlichen Threshold. Aufgelistet ist jeweils der Durchschnitt über alle 100 Datensätze. Die Anteile, die sich für Szenario 1 ergeben, sind der Vollständigkeit halber nochmals mit angeführt. Die Ergebnisse aus Tabelle 5.5 bestätigen die Analysen aus Abschnitt 5.1.3, dass die Selektion itemmodifizierender Effekte bei Berechnung der Freiheitsgrade über die Spur der Hat-Matrix (trace) sehr gut, bei Berechnung der Freiheitsgrade über die aktuelle Anzahl an Parametern im Modell (actset) hingegen weniger gut funktioniert.

In Szenario 2 bis 5 werden jeweils 500 Personen betrachtet. Falls starke oder mittlere Effekte vorhanden sind, steigt der richtig-positiv Anteil im Fall actset, verglichen mit Szenario 1 mit 250 Personen, auf 1 bzw. nahe an 1 heran. Lediglich in Szenario 5 liegt der richtig positiv Anteil der Schätzung mit mittleren Effekten bei 0.8275 und ist damit etwas niedriger. Für alle fünf Szenarien gilt, dass die Selektion nicht funktioniert, falls nur schwache itemmodifizierende Effekte im Modell enthalten sind. Diese können mithilfe des activ set nicht identifiziert werden und man erhält jeweils einen richtig-positiv Anteil von 0.

Szenario		richtig-positiv actset	richtig-positiv trace	falsch-positiv actset	falsch-positiv trace
1	stark	0.5100	1.0000	0.0006	0.1000
	mittel	0.0175	0.9900	0.0000	0.0506
	schwach	0.0000	0.7675	0.0000	0.0200
2	stark	1.0000	1.0000	0.0038	0.1300
	mittel	0.9500	1.0000	0.0025	0.0894
	schwach	0.0075	0.9800	0.0000	0.0338
3	stark	1.0000	1.0000	0.0233	0.2800
	mittel	0.9900	1.0000	0.0208	0.1783
	schwach	0.0000	0.9850	0.0000	0.0625
4	stark	1.0000	nicht berechenbar	0.0072	nicht berechenbar
	mittel	0.9788		0.0063	
	schwach	0.0000		0.0000	
5	stark	0.9975	1.0000	0.0031	0.1238
	mittel	0.8275	1.0000	0.0006	0.0763
	schwach	0.0000	0.9100	0.0000	0.0375

Tabelle 5.5: Durchschnittlicher Anteil der richtig-positiven und falsch-positiven Items der fünf Szenarien der Simulation.

Im Fall trace erhält man wie in Szenario 1 für alle Berechnung mit starken und mittleren Effekten optimale richtig-positiv Anteile von 1. Auch im Fall schwacher itemmodifizierender Effekte steigt der richtig-positiv Anteil deutlich in Richtung 1. Lediglich für Szenario 5 ist er mit 0.91 etwas niedriger. Die sehr guten richtig-positiv Anteile bringen mit sich, dass auch die falsch-positiv Anteile wie in Szenario 1 sehr hohe Werte annehmen. Vor allem in Szenario 3 ist der falsch-positiv Anteil deutlich zu groß. In Szenario 3 weisen 12 der 20 im Modell enthaltenen Items keine itemmodifizierende Effekte auf. Ein falsch-positiv Anteil von 0.28 für die Schätzung mit starken Effekten bedeutet, dass im Schnitt drei Parametervektoren γ_i fälschlicherweise ins Modell aufgenommen werden. Die zusätzliche Threshold-Regel ermöglicht es im Folgenden, den Anteil falsch-positiver Items stark zu senken und die Selektionsgüte zu optimieren.

Die mittleren quadratischen Fehler der fünf Szenarien der Simulation ohne zusätzlichen Threshold sind in Tabelle 5.6 zusammengestellt. Eingetragen sind der quadratische Fehler der Personen-Parameter (5.4) und der quadratische Fehler der Item-Parameter (5.5) als Durchschnitt über alle 100 Datensätze.

		$\mathbf{MSE}_{\text{persons}}$		$\mathbf{MSE}_{\text{items}}$	
Szenario		actset	trace	actset	trace
1	stark	0.3455	0.3448	0.2604	0.1474
	mittel	0.3520	0.3522	0.2360	0.1308
	schwach	0.3566	0.3566	0.1406	0.1140
2	stark	0.3090	0.3108	0.0814	0.0712
	mittel	0.3135	0.3148	0.0680	0.0575
	schwach	0.3196	0.3195	0.0985	0.0504
3	stark	0.3185	0.3216	0.1671	0.1342
	mittel	0.3190	0.3208	0.1139	0.0972
	schwach	0.3219	0.3233	0.1764	0.0812
4	stark	0.1674	nicht berechenbar	0.0897	nicht berechenbar
	mittel	0.1690		0.0721	
	schwach	0.1695		0.1029	
5	stark	0.3334	0.3341	0.1020	0.0891
	mittel	0.3376	0.3374	0.0949	0.0702
	schwach	0.3407	0.3403	0.1024	0.0587

Tabelle 5.6: Durchschnittliche mittlere quadratische Fehler der Personen- und Item-Parameter der fünf Szenarien der Simulation.

Die MSEs der Personen-Parameter verringern sich im Vergleich zu Szenario 1 für die Szenarien 2 bis 5 mit 500 Personen. Eine deutliche Verbesserung ergibt sich für Szenario 4 mit 40 Items. Der durchschnittliche MSE ist in etwa um die Hälfte kleiner als der MSE der anderen Szenarien. Es bestätigt sich, dass die Berechnung der Freiheitsgrade und damit die Modellselektion keinen Einfluss auf die Schätzung der Personen-Parameter hat. Die MSEs der Personen-Parameter nehmen im Fall actset und im Fall trace jeweils nahezu dieselben Werte an.

Die MSEs der Item-Parameter sind aufgrund der besseren Selektion der Parameter γ_i im Fall trace durchgehend kleiner als im Fall actset. Die niedrigsten Werte erhält man für Szenario 2. Höher sind die Werte für Szenario 3, dessen Modell acht Items mit itemmodifizierenden Effekten enthält.

Großer Nachteil der Berechnungen im Fall trace ist der Rechenaufwand und die Rechenzeit für die Berechnung der Hat-Matrix (vgl. Theorie in Abschnitt 3.4). Für Szenario 3 liegt die optimale Anzahl an Iterationen m^*_{stop} in etwa bei 1000. Die Berechnung der Freiheitsgrade df(m) in jedem Iterationsschritt nimmt dafür einige Stunden in Anspruch. Das Modell in Szenario 4 beinhaltet 40 Items und damit 40 Parametervektoren γ_i. Die Größe dieser Modelle lässt die Berechnung der Freiheitsgrade mit der Funktion `AIC` aus dem Paket `mboost` mit den zur Verfügung stehenden Rechen- und Speicherkapazitäten gar nicht mehr zu. In den Tabellen 5.5 und 5.6 sind daher für Szenario 4 keine Werte eingetragen.

Aufgrund der bisherigen Ergebnisse werden in den folgenden Analysen und in den Abschnitten 5.2 und 5.3 nur noch die Berechnungen für den Fall trace und dabei die Simulationsszenarien 1, 2, 3 und 5 in Betracht gezogen.

Tabelle 5.7 enthält die Anteile richtig-positiver und falsch-positiver Items der vier berechenbaren Szenarien der Simulation im Fall trace mit zusätzlichem Threshold. Im ersten Fall wird als Kriterium die Anzahl an Boosting-Iterationen, in denen der Parametervektor γ_i aktualisiert wurde (freq), und im zweiten Fall als Kriterium die euklidische Norm des Parametervektors γ_i (size) verwendet.

Szenario		richtig-positiv freq	richtig-positiv size	falsch-positiv freq	falsch-positiv size
	stark	1.0000	1.0000	0.0138	0.0044
1	mittel	0.9800	0.9800	0.0094	0.0050
	schwach	0.7350	0.7300	0.0094	0.0075
	stark	1.0000	1.0000	0.0081	0.0013
2	mittel	1.0000	1.0000	0.0063	0.0019
	schwach	0.9675	0.9625	0.0063	0.0044
	stark	1.0000	1.0000	0.0108	0.0108
3	mittel	1.0000	1.0000	0.0033	0.0025
	schwach	0.9588	0.9563	0.0041	0.0033
	stark	1.0000	1.0000	0.0119	0.0038
5	mittel	0.9975	0.9975	0.0100	0.0063
	schwach	0.8950	0.8925	0.0081	0.0069

Tabelle 5.7: Durchschnittlicher Anteil der richtig-positiven und falsch-positiven Items der Simulation im Fall trace mit zusätzlichem Threshold. Unterschieden werden die beiden Methoden freq und size.

Wie schon in Szenario 1 zeigt sich auch für die Szenarien 2, 3 und 5, dass die Selektion der itemmodifizierenden Effekte mit zusätzlicher Threshold-Regel deutlich verbessert werden kann. Die Anteile falsch-positiver Items in Tabelle 5.7 sind im Vergleich zu den Werten in Tabelle 5.5 wesentlich kleiner. Der falsch-positiv Anteil von Szenario 3 reduziert sich beispielsweise, falls starke Effekte im Modell vorhanden sind, von 0.28 auf 0.01 und, falls mittlere Effekte im Modell enthalten sind, von 0.1783 auf 0.0033 bzw. 0.0025. Dies bringt eine enorme Verbesserung der Selektion mit sich.

Der Vergleich der beiden Threshold-Methoden ergibt, dass die Verwendung der euklidischen Norm der Parametervektoren γ_i als Threshold-Kriterium etwas bessere Ergebnisse liefert. Hier erreicht man die niedrigsten Anteile falsch-positiver Items.

Es ist anzumerken, dass die richtig-positiv Anteile der Szenarien mit schwachen itemmodifizierenden Effekten jeweils im Vergleich zur Berechnung ohne zusätzlichen Threshold (vgl. Tabelle 5.5) leicht sinken. Dies schadet aber dem perfekten Selektionsergebnis, wie es sich in Tabelle 5.7 darstellt, nicht.

Um den Effekt der Threshold-Regel graphisch zu visualisieren, sind in Abbildung 5.5 die geschätzten Parameter $\hat{\gamma}_{iq}$ von Szenario 2 mit starken itemmodifizierenden Effekten in Form von Boxplots dargestellt. Zusätzlich sind jeweils die wahren Parameter-Werte γ_{iq} mit Dreiecken eingezeichnet. Die obere Graphik zeigt die geschätzten Parameter ohne zusätzlichen Threshold. Man sieht, dass einige Schätzungen $\hat{\boldsymbol{\gamma}}_5, \ldots, \hat{\boldsymbol{\gamma}}_{20}$ fälschlicherweise von Null verschieden sind. Dies äußert sich in einem Anteil falsch-positiver Items von 0.13 (vgl. Tabelle 5.5). Die untere Graphik zeigt die geschätzten Parameter mit zusätzlichem Threshold. Angewendet wurde die Threshold-Regel size, für welche der Anteil falsch-positiver Items nur bei 0.0013 liegt (vgl. Tabelle 5.7). Es ist ersichtlich, dass genau bei einer Schätzung $\hat{\boldsymbol{\gamma}}_5$ und bei einer Schätzung $\hat{\boldsymbol{\gamma}}_{17}$ ungleich Null ist. Alle anderen Schätzungen $\hat{\boldsymbol{\gamma}}_5, \ldots, \hat{\boldsymbol{\gamma}}_{20}$ sind korrekterweise gleich Null.

Die Schätzungen der Item-Parameter $\hat{\beta}_i$ für Szenario 2 mit starken itemmodifizierenden Effekten mit Threshold-Methode size sind in Abbildung 5.6 in Form von Boxplots dargestellt. Die geschätzten Parameter sind jeweils um den wahren Wert β_i zentriert.

Da der Parametervektor γ_{20} nie ins Modell mit aufgenommen wird (vgl. Abbildung 5.5 unten), fungiert Item 20 immer als Referenzitem. Der zugehörige Schätzwert $\hat{\beta}_{20}$ ist immer korrekterweise gleich Null. Es ist auffällig, dass im Vergleich zu allen anderen Items die Schätzungen $\hat{\beta}_1$ deutlich vom wahren Wert abweichen. Diese Auffälligkeit tritt bei den Schätzungen der Item-Parameter β_i für alle Szenarien mit 500 Personen auf. Die Abweichung reduziert sich jeweils mit abnehmenden itemmodifizierenden Effekte.

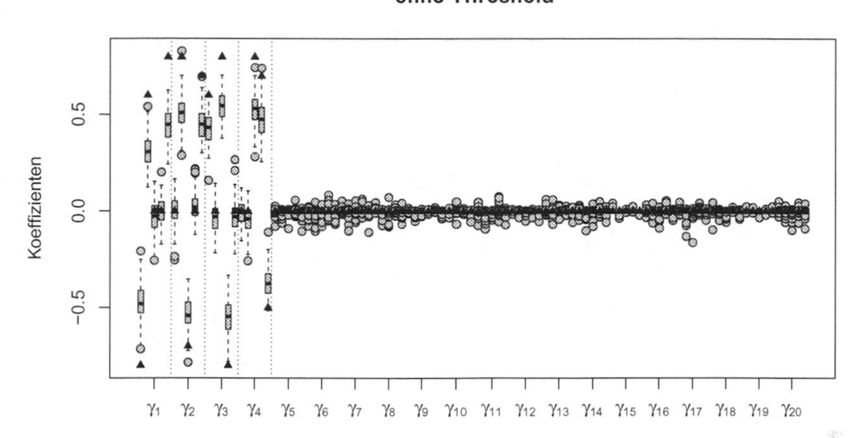

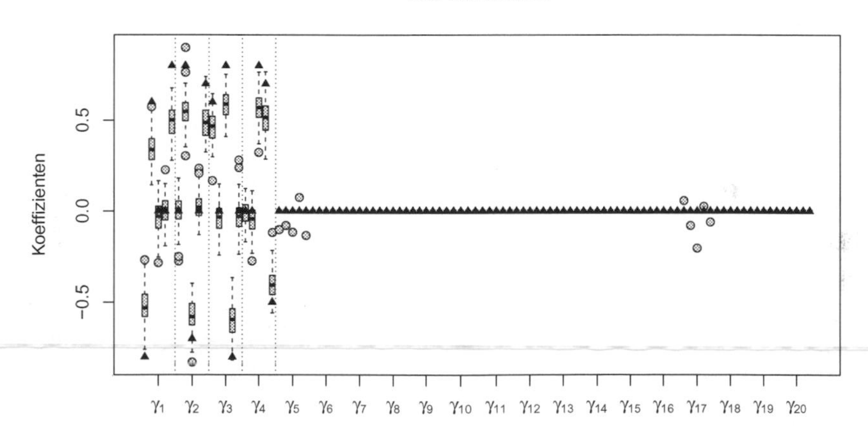

Abb. 5.5: Boxplots der geschätzten Parameter $\hat{\gamma}_{iq}$ von Szenario 2 mit starken Effekten im Fall trace ohne Threshold (oben) und mit Threshold (unten). Eingezeichnet sind zusätzlich die wahren Parameter-Werte γ_{iq} (Dreiecke).

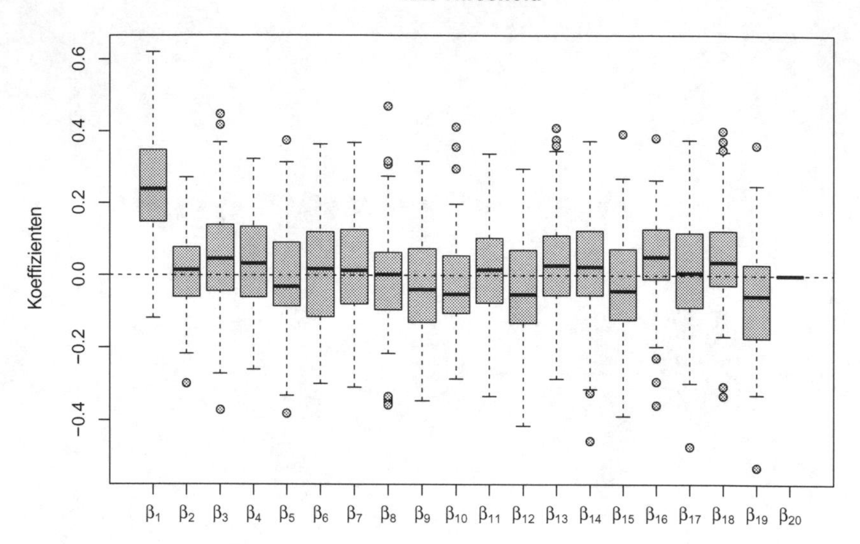

Abb. 5.6: Boxplots der geschätzten Parameter $\hat{\beta}_i$ mit Threshold-Methode size von Szenario 2 mit starken Effekten.

Die Simulationen des Rasch-Modells mit itemmodifizierenden Effekten (2.6) ergeben, dass die Bestimmung relevanter itemmodifizierender Effekte bei Berechnung der Freiheitsgrade des BIC über die aktuelle Anzahl an Parametern im Modell nicht funktioniert, falls nur schwache Effekte im Modell vorhanden sind.

Berechnet man die Freiheitsgrade über die Spur der Hat-Matrix, ist es immer möglich, die relevanten itemmodifizierenden Effekte zu selektieren. Mithilfe einer zusätzlichen Threshold-Regel erreicht man, dass nur in den seltensten Fällen fälschlicherweise weitere Items ins Modell aufgenommen werden. Die vorliegenden Selektionsergebnisse sind nahezu perfekt. Weitere graphische Auswertungen der Schätzungen der Parameter β_i und γ_{iq} finden sich in Anhang A.

5.2 Vergleich alternativer Schätzmethoden

5.2.1 Penalisierung der Likelihood

Als Alternative zur Boosting-Schätzung kann eine regularisierte Schätzung der Parametervektoren $\boldsymbol{\gamma}_i$ auch durch penalisierte Maximum-Likelihood-Schätzung erreicht werden. Diese Methode wurde in Abschnitt 4.1 kurz eingeführt. Tutz und Schauberger [2013] führen zur Evaluierung dieses Schätzverfahrens die gleiche Simulationsstudie durch, die in Abschnitt 5.1 vorgestellt wurde. Sie bezeichnen ihre Methode mit „DIF-Lasso“. Nachfolgend werden die Ergebnisse der in dieser Arbeit vorgestellten Boosting-Schätzung mit den Ergebnissen der DIF-Lasso-Schätzung verglichen.
Die Auswertungen in Abschnitt 5.1 haben gezeigt, dass die Selektion bei Berechnung der Freiheitsgrade des BIC mit der aktuellen Anzahl an Parametern im Modell (actset) nicht gut funktioniert. Es ist naheliegend, dass die Boosting-Schätzungen in diesem Fall auch nicht mit den Schätzungen der DIF-Lasso-Methode mithalten können. Anders ist es hingegen bei Berechnung der Freiheitsgrade über die Spur der Hat-Matrix (trace). In Tabelle 5.8 sind die Ergebnisse der Boosting-Schätzung im Fall trace den Ergebnissen der DIF-Lasso-Schätzung für die Simulationsszenarien 1, 2, 3 und 5 (vgl. Abschnitt 5.1.1) gegenübergestellt. Aufgelistet sind die Anteile richtig-positiver und falsch-positiver Items bei Berechnung der Boosting-Schätzung mit zusätzlicher Threshold-Methode size als Durchschnitt über alle 100 Datensätze. Die Anteile der DIF-Lasso-Schätzung sind aus [Tutz und Schauberger, 2013] übernommen.
Der Vergleich der Anteile aus Tabelle 5.8 zeigt, dass die Selektion in Szenario 1 mit 250 Personen mithilfe der Boosting-Schätzung besser funktioniert.

Szenario		richtig-positiv DIF-Lasso	Boosting	falsch-positiv DIF-Lasso	Boosting
	stark	0.9900	1.0000	0.0160	0.0044
1	mittel	0.7900	0.9800	0.0030	0.0050
	schwach	0.0400	0.7300	0.0000	0.0075
	stark	1.0000	1.0000	0.0220	0.0013
2	mittel	1.0000	1.0000	0.0130	0.0029
	schwach	0.7100	0.9625	0.0010	0.0044
	stark	1.0000	1.0000	0.0890	0.0108
3	mittel	1.0000	1.0000	0.0420	0.0025
	schwach	0.7700	0.9563	0.0020	0.0033
	stark	1.0000	1.0000	0.0220	0.0038
5	mittel	0.9900	0.9975	0.0090	0.0063
	schwach	0.5600	0.8925	0.0010	0.0069

Tabelle 5.8: Durchschnittlicher Anteil der richtig-positiven und falsch-positiven Items der Szenarien der Simulation für die DIF-Lasso-Schätzung und die Boosting-Schätzung.

Sind mittlere Effekte im Modell vorhanden, liegt der richtig-positiv Anteil der DIF-Lasso-Schätzung nur bei 0.79. Schwache itemmodifizierende Effekte können in Szenario 1 mit DIF-Lasso gar nicht selektiert werden. Für die Szenarien 2, 3 und 5 mit 500 Personen selektieren im Fall starker und mittlerer Effekte beide Methoden alle itemmodifzierenden Effekte korrekt. Der richtig-positiv Anteil liegt jeweils bei 1. Unterschiede zeigen sich im Fall schwacher itemmodifizierender Effekte. Hier liegen die richtig-positiv Anteile der DIF-Lasso-Schätzung deutlich unter denen der Boosting-Schätzung. Die falsch-positiv Anteile der Szenarien mit guter Selektion sind für die Boosting-Schätzung geringer als für die DIF-Lasso-Schätzung. Für Szenario 3 mit starken Effekten liegt der falsch-positiv Anteil mit Threshold-Regel size nur bei 0.0108, für DIF-Lasso immerhin bei 0.089 (vgl. Tabelle 5.8).

Die mittleren quadratischen Fehler der Personen-Parameter (5.4) und Item-Parameter (5.5) der beiden Schätzmethoden sind als Durchschnitt über alle 100 Datensätze in Tabelle 5.9 gegenübergestellt. Im Gegensatz zu Tabelle 5.6 sind hier für die Boosting-Schätzung die Werte mit zusätzlicher Threshold-Regel size angegeben. Die Werte der DIF-Lasso-Schätzung sind aus [Tutz und Schauberger, 2013] übernommen.

		MSE_persons		**MSE_items**	
Szenario		DIF-Lasso	Boosting	DIF-Lasso	Boosting
	stark	0.3440	0.3455	0.1490	0.1321
1	mittel	0.3500	0.3520	0.1450	0.1258
	schwach	0.3470	0.3566	0.1270	0.1136
	stark	0.3260	0.3090	0.0700	0.0581
2	mittel	0.3280	0.3135	0.0640	0.0492
	schwach	0.3320	0.3196	0.0690	0.0491
	stark	0.3270	0.3180	0.1060	0.1292
3	mittel	0.3280	0.3182	0.0960	0.0864
	schwach	0.3350	0.3219	0.1080	0.0782
	stark	0.3440	0.3334	0.0820	0.0745
5	mittel	0.3440	0.3376	0.0750	0.0628
	schwach	0.3510	0.3407	0.0800	0.0576

Tabelle 5.9: Durchschnittliche mittlere quadratische Fehler der Szenarien der Simulation für die DIF-Lasso-Schätzung und die Boosting-Schätzung.

Die MSEs der Personen-Parameter sind im Fall der Boosting-Schätzung für Szenario 1 etwas höher und für die Szenarien 2, 3 und 5 mit 500 Personen jeweils etwas niedriger als die MSEs der DIF-Lasso-Schätzung. Im Allgemeinen nehmen diese jedoch Werte derselben Größenordnung an (vgl. Tabelle 5.9). Größere Unterschiede ergeben sich für die MSEs der Item-Parameter. Aufgrund der besseren Selektion der Parameter γ_i sind diese im Fall der Boosting-Schätzung niedriger als im Fall der DIF-Lasso-Schätzung. Auffällig ist einzig Szenario 3 mit starken Effekten. Hier ist der MSE der DIF-Lasso-Schätzung wesentlich niedriger als der MSE der Boosting-Schätzung.

Der Vergleich der die Arbeit betreffende Boosting-Methode mit der in [Tutz und Schauberger, 2013] vorgestellten DIF-Lasso-Methode ergibt, dass die Ergebnisse der Boosting-Schätzung größtenteils besser sind. Nachteil der Boosting-Schätzung ist der hohe Rechenaufwand für die Berechnung der Spur der Hat-Matrix und die Durchführung der Threshold-Regel. Mit DIF-Lasso sind vor allem auch die Schätzungen von Szenario 4 mit 40 Items durchführbar. DIF-Lasso ist somit für sehr große Datensätze die empfehlenswertere Alternative.

5.2.2 Methoden zum Vergleich mehrerer Gruppen

In Abschnitt 4.2 wurden drei Methoden zur Identifizierung von Items mit itemmodifizierenden Effekten vorgestellt. Diese sind limitiert auf den Fall einer binären oder mehrkategorialen Kovariable. Um diese Methoden mit der in dieser Arbeit vorgestellten Boosting-Schätzung zu vergleichen, wird ein weiteres Simulationsszenario betrachtet. Auf die daraus simulierten Daten können alle vier Schätzmethoden zur Bestimmung von Items mit itemmodifizierenden Effekten angewendet werden.
Die Daten $(y_{pi}, \mathbf{x}_p, \mathbf{z}_{pi})$ sind äquivalent zu Abschnitt 5.1 nach dem Rasch-Modell mit itemmodifizierenden Effekten (2.11) gebildet. Das hier betrachtete Szenario ist folgendermaßen spezifiziert:

- θ_p, $\beta_i \sim N(0, 1)$
- $P = 500, \quad I = 20 \quad \text{und} \quad I_{\text{dif}} = 4$

Als Kovariable wird eine Faktorvariable mit fünf Kategorien verwendet. Für die Boosting-Schätzung wird dies durch vier binäre Dummy-Variablen umgesetzt.

In Modell (2.11) sind:

- $Q = 4$
- $\mathrm{x}_{pq} = \begin{cases} 1, & \text{falls Person p aus Gruppe q,} \quad \mathrm{q} \in \{1, \ldots, 4\} \\ 0, & \text{sonst} \end{cases}$
- $\gamma_1^\top = (0.7, 0, 0.5, -0.5)$, $\gamma_2^\top = (0.9, 0.6, -0.3, 0)$,
  $\gamma_3^\top = (0, -0.4, 0.6, 0.5)$ und $\gamma_4^\top = (-0.4, 0.6, 0, 0.7)$
- $\gamma_5, \ldots, \gamma_{20} = \mathbf{0}$

Betrachtet werden Modelle mit starken, mittleren und schwachen itemmodifizierenden Effekten. Für jeden der drei Fälle werden 100 Datensätze generiert. Wie in Abschnitt 5.1.1 definiert, ergeben sich für das Maß der Stärke der itemmodifizierenden Effekte (vgl. Gleichung (5.2)) die Werte 0.25 (stark), 0.1875 (mittel) und 0.125 (schwach).
Für die Berechnung der drei zu vergleichenden Methoden wird die Matrix mit den Realisierungen der Zielgröße $\mathbf{Y} \in \mathbb{R}^{\mathrm{PxI}}$ mit Einträgen y_{pi} und ein Vektor der Gruppenzugehörigkeit der Personen $\mathbf{g} \in \mathbb{R}^{\mathrm{Px1}}$ mit $g_p \in \{1, \ldots, 5\}$ benötigt. Implementiert sind die Methoden in `R` im Paket `difR` [Magis et al., 2013].
Die Anteile richtig-positiver und falsch-positiver Items der drei Methoden für den Vergleich mehrerer Gruppen und der Boosting-Schätzung sind als Durchschnitt über alle 100 Datensätze in Tabelle 5.10 aufgelistet. Die Simulationsszenarien in Abschnitt 5.1 haben gezeigt, dass sich eine optimale Boosting-Schätzung ergibt, falls man die Freiheitsgrade des BIC über die Spur der Hat-Matrix (trace) berechnet und die zusätzliche Threshold-Regel über die euklidische Norm der Parametervektoren γ_i (size) verwendet. Die Boosting-Lösung wurde daher mit dieser Parametereinstellung berechnet. Die Ergebnisse aus Tabelle 5.10 zeigen, dass die Identifizierung der Items

Methode		richtig-positiv	falsch-positiv
	stark	1.0000	0.0600
Mantel-Haenszel	mittel	1.0000	0.0556
	schwach	0.9750	0.0531
	stark	1.0000	0.0675
Logistisch	mittel	1.0000	0.0594
	schwach	0.9750	0.0581
	stark	1.0000	0.0250
Lord	mittel	1.0000	0.0219
	schwach	0.9425	0.0188
	stark	1.0000	0.0038
Boosting	mittel	1.0000	0.0075
	schwach	0.9425	0.0125

Tabelle 5.10: Durchschnittlicher Anteil der richtig-positiven und falsch-positiven Items der drei Methoden für den Vergleich mehrerer Gruppen und der Boosting-Schätzung.

mit itemmodifizierenden Effekten mit allen vier Methoden sehr gut funktioniert. Falls schwache Effekte im Modell vorhanden sind, liegt der richtig-positiv Anteil für Lords χ^2-Test und die Boosting-Schätzung bei 0.9425 und ist damit etwas niedriger als für Mantel-Haenszel und die logistische Regression. Die falsch-positiv Anteile sind hingegen jeweils deutlich kleiner. Für die Boosting-Schätzung sind die falsch-positiv Anteile am geringsten. In diesem Simulationsszenario sind die Ergebnisse der Boosting-Schätzung genauso gut bzw. sogar besser als die Ergebnisse der alternativen Schätzmethoden. Diese funktionieren im Fall einer binären oder mehrkategorialen Kovariable bekanntermaßen gut. Die Rechenzeit der Boosting-Schätzung steht jedoch in keinem Verhältnis zu den Alternativen. Die Berechnung der Hat-Matrix nimmt mit den aktuellen Rechenkapazitäten mehrere Stunden in Anspruch. Es empfiehlt sich daher eine der alternativen Methoden, falls das betrachtete Modell nur eine binäre oder kategoriale Kovariable enthält.

5.3 Simulation des Modells mit zusätzlichem Populationseffekt

Im folgenden, letzten Teil der Simulation wird das Modell mit zusätzlichem Populationseffekt aus Abschnitt 2.5 analysiert.

5.3.1 Simulationsszenarien

Zur Schätzung des Modells (2.13) mit globalem Populationseffekt wurde in den Abschnitten 2.6 und 3.5 ein zweistufiges Schätzverfahren beschrieben. Um dieses durchzuführen, werden zwei Simulationsszenarien betrachtet. Die zugehörigen Daten $(y_{pi}, \mathbf{x}_p, \mathbf{z}_{pi})$ sind äquivalent zu Abschnitt 5.1 nach dem Rasch-Modell mit itemmodifizierenden Effekten (2.11) gebildet. Zunächst wird ein Simulationsszenario mit nur einer binären Kovariable betrachtet. Ein globaler Populationseffekt, d.h. ein genereller Fähigkeitsunterschied zwischen den Personen der beiden Gruppen, wird bzgl. dieser einen Kovariable modelliert. Das Szenario ist folgendermaßen spezifiziert:

- $\beta_i \sim N(0,1), \quad P = 250, \quad I = 20, \quad I_{\text{dif}} = 4 \quad \text{und} \quad Q = 1$
- $\gamma_1 = -0.4, \quad \gamma_2 = 0.3, \quad \gamma_3 = -0.2 \quad \text{und} \quad \gamma_4 = 0.1$

Als Maß der Stärke der itemmodifizierenden Effekte $\frac{1}{Q} \cdot \sqrt{V_i}$ (vgl. Gleichung (5.2)) ergeben sich wieder die Werte 0.25 (stark), 0.1875 (mittel) und 0.125 (schwach).

Der Unterschied in den Fähigkeiten der Personen wird durch Ziehen der Personen-Parameter aus zwei verschiedenen Normalverteilungen realisiert. Für die Personen-Parameter θ_p gilt:

$$\theta_p \sim \begin{cases} N(1,1), & \text{falls } p = 1, \ldots, \frac{P}{2} \\ N(0,1), & \text{falls } p = \frac{P}{2} + 1, \ldots, P-1 \\ 0, & \text{falls } p = P. \end{cases} \tag{5.6}$$

Um diesen Fähigkeitsunterschied an die Ausprägung der Kovariable x zu koppeln, gilt:

$$\mathrm{x}_p \sim \begin{cases} 1, \text{ falls } p = 1, \dots, \frac{P}{2} \\ 0, \text{ falls } p = \frac{P}{2} + 1, \dots, P. \end{cases} \tag{5.7}$$

Betrachtet man beispielsweise die binäre Kovariable Geschlecht mit $\mathrm{x}_p = 1$ für eine männliche Person und $\mathrm{x}_p = 0$ für eine weibliche Person. Dann ist die inhaltliche Aussage von Gleichung (5.6) und (5.7), dass Männer im Mittel eine Fähigkeit von 1 haben und damit bessere Fähigkeiten besitzen als Frauen, die im Mittel eine Fähigkeit von 0 besitzen. Anhand des linearen Regressionsmodells (3.20), das im zweiten Schritt nach Durchführung der Boosting-Schätzung berechnet wird, soll eben genau dieser Unterschied erkannt werden.

Als zweites wird Simulationsszenario 5 der Simulation in Abschnitt 5.1 analysiert (siehe Tabelle 5.1). Wie alle bisherigen Simulationsszenarien enthält Szenario 5 fünf Kovariablen. Die Personen-Fähigkeit θ_p ist in diesem Szenario, wie schon in Abschnitt 5.1.1 erläutert, mit der Ausprägung der ersten Kovariable x_1 korreliert. Äquivalent zum Szenario mit einer binären Kovariablen sind die Parameter θ_p nach Gleichung (5.6) gebildet. Gleichung (5.7) gilt ebenfalls, jedoch in diesem Szenario im Bezug auf Kovariable x_1. Anhand des linearen Regressionsmodells (3.20) soll der generelle Fähigkeitsunterschied der beiden Populationen, die durch x_1 gebildet werden, erkannt werden. Ein korrektes Ergebnis liegt dann vor, wenn die Parameterschätzung $\hat{\alpha}_1$ für den Einfluss der ersten Kovariable auf die geschätzten Personen-Parameter $\hat{\theta}_p$ signifikant ist, und die anderen Komponenten $\hat{\alpha}_2, \dots, \hat{\alpha}_5$ keine signifikanten Effekte aufweisen.

5.3.2 Auswertung der Ergebnisse

Die Auswertung der Simulationsergebnisse in Abschnitt 5.1 haben gezeigt, dass die Selektion itemmodifizierender Effekte mithilfe des BIC optimal funktioniert, falls die Freiheitsgrade über die Spur der Hat-Matrix bestimmt werden (trace). Die Ergebnisse der Schätzungen der beiden Szenarien werden daher nur für den Fall trace dargestellt.

Wie auch in den Auswertungen der vorherigen Abschnitte ist zunächst der Anteil der richtig-positiven und falsch-positiven Items der Boosting-Schätzung von Interesse. Diese Anteile sind für das Szenario mit einer binären Kovariable bei Schätzung ohne zusätzlichen Threshold in Tabelle 5.11 aufgelistet.

	richtig-positiv	**falsch-positiv**
stark	0.5075	0.0875
mittel	0.3550	0.0731
schwach	0.2125	0.0694

Tabelle 5.11: Durchschnittlicher Anteil der richtig-positiven und falsch-positiven Items des Szenarios mit einer binären Kovariable.

Die berechneten Anteile in Tabelle 5.11 zeigen, dass die Selektion der itemmodifizierenden Effekte nicht gut funktioniert. Es bedarf daher dem Vergleich zu den Ergebnissen des ersten Simulationsszenarios aus Abschnitt 5.1. In beiden Szenarien werden 250 Personen und 20 Items betrachtet, von denen 4 Items itemmodifzierende Effekte aufweisen. Unterschiede der Szenarien sind die Anzahl an Kovariablen Q und die Werte der Parameter γ_{iq}. Nimmt man nur eine Kovariable ins Modell auf, so ist die Selektion schlechter. Sind starke Effekte im Modell vorhanden, liegt der richtig-positiv Anteil nur bei 0.5 und nimmt mit schwächer werdenden Effekten γ_i

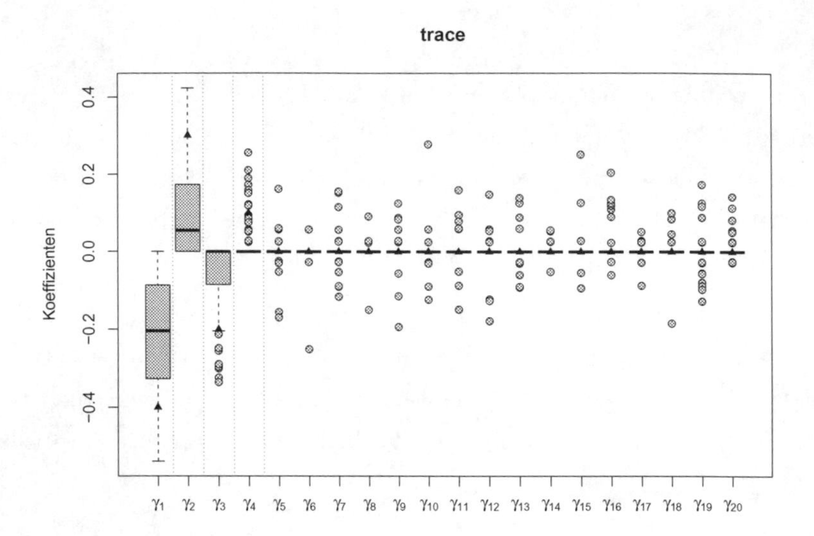

Abb. 5.7: Boxplots der geschätzten Parameter $\hat{\gamma}_i$ des Szenarios mit starken Effekten für den Fall trace ohne zusätzlichen Threshold.

deutlich ab (vgl. Tabelle 5.11). Im Vergleich zum niedrigen richtig-positiv Anteil ist auch der Anteil falsch-positiver Items in allen drei Fällen sehr hoch. Die guten Ergebnisse für Szenario 1 (siehe Tabelle 5.2) zeigen, dass die Anzahl an Kovariablen Q eine wichtige Komponente darstellt, die die Selektionsgüte maßgeblich beeinflusst. Des Weiteren ist zu beachten, dass die Absolutbeträge der Werte γ_{iq}, die ungleich Null sind, in Szenario 1 größer sind als im Szenario mit einer Kovariablen (siehe Abschnitt 5.3.1). Dies macht eine Identifizierung der Parametervektoren $\boldsymbol{\gamma}_i$ in Szenario 1 einfacher als die Identifizierung der Parameter γ_i.

Die Parameterschätzungen $\hat{\gamma}_i$ des Szenarios mit starken itemmodifizierenden Effekten sind in Abbildung 5.7 in Form von Boxplots dargestellt. Die

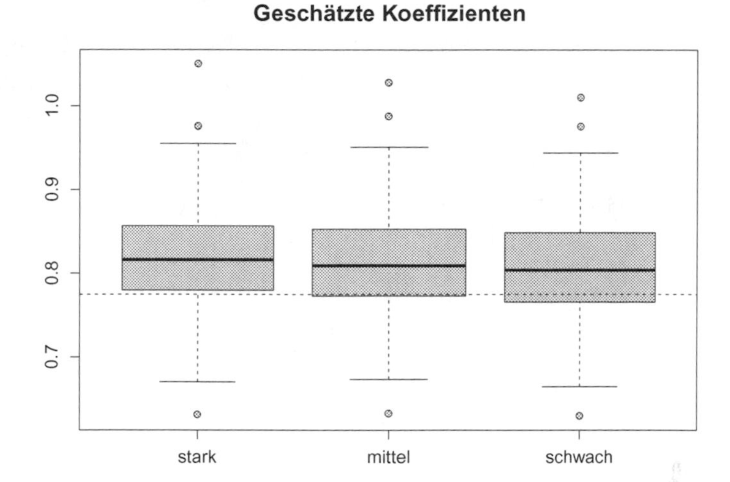

Abb. 5.8: Boxplots der geschätzten Parameter $\hat{\alpha}$ der linearen Regression des Szenarios mit einer binären Kovariable. Eingezeichnet ist zusätzlich der wahre Parameter α (gestrichelte Linie).

wahren Parameterwerte γ_i sind mit Dreiecken gekennzeichnet. Die Boxplots bestätigen visuell die Ergebnisse aus Tabelle 5.11. Man sieht, dass viele Schätzungen $\hat{\gamma}_5, \ldots, \hat{\gamma}_{20}$ fälschlicherweise von Null verschieden sind. Dies resultiert in einem hohen Anteil falsch-positiver Items. Die Güte der Schätzung der Parameter $\gamma_1, \ldots, \gamma_4$ hängt von der absoluten Größe der wahren Werte ab. γ_1, dessen wahrer Wert bei -0.4 liegt, wird nahezu immer ungleich Null geschätzt. γ_4, mit dem kleinsten Absolutwert von 0.1, wird in den meisten Fällen fälschlicherweise nicht ins Modell aufgenommen.

Die lineare Regression der geschätzten Personen-Parameter $\hat{\theta}_p$ auf die Kovariable x wird in `R` mit der Funktion `lm` durchgeführt. Die Berechnungen ergeben zum Signifikanzniveau von 0.05 jeweils für jede der 100 Schätzungen einen signifikanten Effekt der Kovariable x. Die geschätzten Koeffizienten $\hat{\alpha}$ des Szenarios mit einer binären Kovariable sind in Form von Boxplots in Abbildung 5.8 dargestellt. Unterschieden werden die Schätzungen mit starken, mittleren und schwachen itemmodifizierenden Effekten. Nachdem die Datensätze nach Gleichung (5.6) und (5.7) gebildet sind, ist der wahre Wert für alle 100 Datensätze und unabhängig von der Stärke der itemmodifizierenden Effekte jeweils derselbe. Dieser nimmt den Wert 0.7746 an und ist in Abbildung 5.8 zusätzlich als gestrichelte Linie eingezeichnet. Die geschätzten Koeffizienten $\hat{\alpha}$ liegen im Median bei 0.81 und überschätzen den wahren Wert in den meisten Fällen leicht. Es ist zu beachten, dass der Parameter α aus Modell (3.20) als Unterschied zwischen den Fähigkeiten der beiden Populationen interpretiert werden kann, jedoch keine direkte Schätzung des Parameters γ aus Modell (2.13) darstellt.

Das Bestimmtheitsmaß R^2 gibt an, welcher Teil der Varianz der Personen-Parameter durch die Kovariable x erklärt werden kann. Siehe dazu auch [Fahrmeir et al., 2003]. Im vorliegenden Fall ist das Bestimmtheitsmaß definiert als:

$$R^2 = \frac{\sum_{p=1}^{P} (\hat{\theta}_p - \bar{\theta})^2}{\sum_{p=1}^{P} (\theta_p - \bar{\theta})^2} \tag{5.8}$$

wobei $\bar{\theta}$ den Mittelwert über alle Personen-Parameter θ_p darstellt.

Die Werte des Bestimmtheitsmaßes (5.8) für die drei Szenarien mit starken, mittleren und schwachen Effekten sind in Abbildung 5.9 in Form von Boxplots dargestellt. Eingezeichnet ist ebenfalls der wahre Wert von 0.1383 als gestrichelte Linie.

Die Personen-Parameter θ_p haben aufgrund der Modellierung über die Normalverteilung jeweils Varianz 1 (vgl. Gleichung (5.6)). Der tatsächliche Unterschied der Personen-Fähigkeit zwischen den beiden Populationen wird

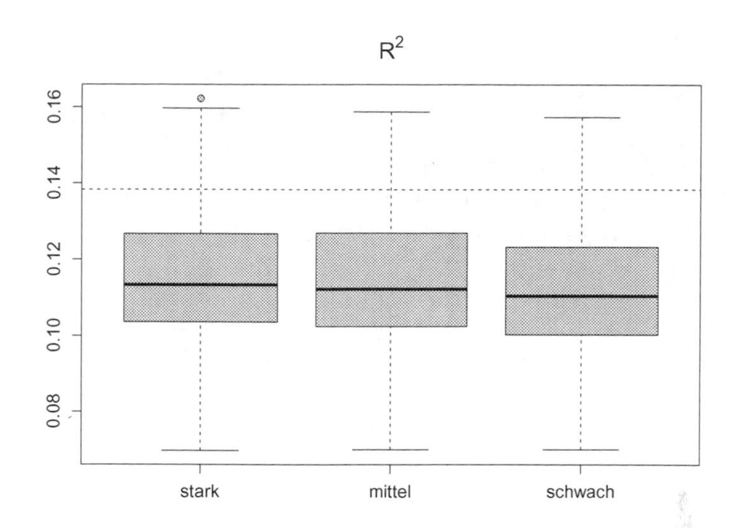

Abb. 5.9: Boxplots der Bestimmtheistmaße R^2 der linearen Regression des Szenarios mit einer binären Kovariable. Eingezeichnet ist zusätzlich der wahre Wert von R^2 (gestrichelte Linie).

durch den Mittelwertsunterschied der beiden Normalverteilungen modelliert und liegt ebenfalls bei 1. Die Varianz der Personen-Parameter ist also im Vergleich zum tatsächlichen Unterschied relativ groß. Es ist daher nicht verwunderlich, dass nur 13.83 % der Varianz der Daten durch die Kovariable x erklärt werden kann. Für die geschätzten Parameter $\hat{\alpha}$ liegt der Anteil erklärter Varianz größtenteils leicht unter dem Anteil des wahren Modells. In allen drei Fällen liegt das Bestimmtheitsmaß R^2 im Median bei 0.11 und weicht damit gleichermaßen vom Wert des wahren Modells ab.

Die Ergebnisse der linearen Regression des Modells mit einer binären Kovariable zeigen, dass der generelle Fähigkeitsunterschied der Personen der beiden Gruppen durch die zweistufige Schätzung korrekt modelliert werden kann. Dieser wird in Modell (2.13) durch den globalen Parameter γ repräsentiert. Anzumerken ist jedoch, dass die Resultate der Regression weder von der Stärke der itemmodifizierenden Effekte noch von der Modellselektion, also der im Modell enthaltenen Parameter γ_i, abhängig sind. Die geschätzten Parameter α und der Erklärungswert der Kovariablen x sind in allen drei Fällen nahezu identisch. Alle Personen-Parameter werden im ersten Schritt der Boosting-Schätzung durch ein logistisches Regressionsmodell geschätzt. Die Resultate der linearen Regression deuten darauf hin, dass die Personen-Parameter bei der regularisierten Schätzung der Parameter γ_i nicht mehr aktualisiert werden. Diese Überlegung lässt den Schluss zu, dass die lineare Regression auch zum selben Ergebnis führt, falls zunächst ein einfaches Rasch-Modell ohne itemmodifizierende Effekte modelliert wird.

	Anzahl inkorrekter Signifikanzen		
	0	1	2
stark	60	33	7
mittel	69	25	6
schwach	76	19	5

Tabelle 5.12: Anzahl der linearen Regressionsmodelle von Simulationsszenario 5 die fälschlicherweise signifikante Kovariablen enthalten.

Wie in Abschnitt 5.1.4 dargestellt, funktioniert die Selektion der itemmodifizierenden Effekte γ_i für Simulationsszenario 5 im Fall trace sehr gut. Regressiert man die aus der Boosting-Schätzung resultierenden Koeffizienten $\hat{\theta}_p$ auf die fünf Kovariablen des Modells, so erhält man zum Signifikanzniveau von 0.05 jeweils für jede der 100 Schätzungen einen signifikanten Effekt der Kovariable x_1. Der im Modell vorhandene Fähigkeitsunterschied bzgl. der beiden Gruppen, die durch x_1 gebildet werden, wird korrekt erkannt.

Die Regressionsmodelle enthalten jedoch noch weitere signifikante Effekte. Der Einfluss der Kovariablen $x_2, \ldots, x_5$ auf die geschätzte Fähigkeit der Personen ist in einigen Fällen fälschlicherweise zusätzlich signifikant. Tabelle 5.12 enthält die Anzahl der Modelle, die entweder keinen oder einen bzw. zwei signifikante Effekte der Kovariablen $x_2, \ldots, x_5$ aufweisen, die nach dem wahren Modell keinen Einfluss auf die geschätzten Parameter $\hat{\theta}_p$ haben.

	Kovariablen			
	x_2	x_3	x_4	x_5
stark	22	14	3	8
mittel	19	9	3	6
schwach	13	7	3	6

Tabelle 5.13: Absolute Häufigkeiten signifikanter Effekte der Kovariablen $x_2, \ldots, x_5$ *der linearen Regressionsmodelle von Szenario 5.*

Ein Großteil der Modelle enthält jeweils korrekterweise nur einen signifikanten Effekt $\hat{\alpha}_1$. Wenige Modelle enthalten jedoch sogar zwei fälschlicherweise als signifikant eingestufte Kovariablen. Falls starke Effekte im Modell enthalten sind, trifft dies auf 7 Regressionsmodelle zu. In diesen Fällen geht nicht hervor, dass die Fähigkeit der Personen im wahren Modell nur durch Kovariable x_1 erklärt werden kann. Das Ergebnis wird minimal besser, je schwächer die im Modell enthaltenen itemmodifizierenden Effekte sind.

Die absoluten Häufigkeiten signifikanter Effekte der Kovariablen $x_2, \ldots, x_5$ für die linearen Regressionsmodelle sind in Tabelle 5.13 aufgelistet. Es ist auffällig, dass Kovariable x_2 am häufigsten signifikante Effekte aufweist, Kovariable x_4 hingegen sehr selten. Da die drei Kovariablen x_2, x_4 und x_5 gleichermaßen standardnormalverteilt sind (vgl. Abschnitt 5.1.1), ist die Schlussfolgerung naheliegend, dass dieses Ergebnis zufällig ist.

Die Werte des Bestimmtheitsmaßes (5.8) für die drei Schätzungen mit star-

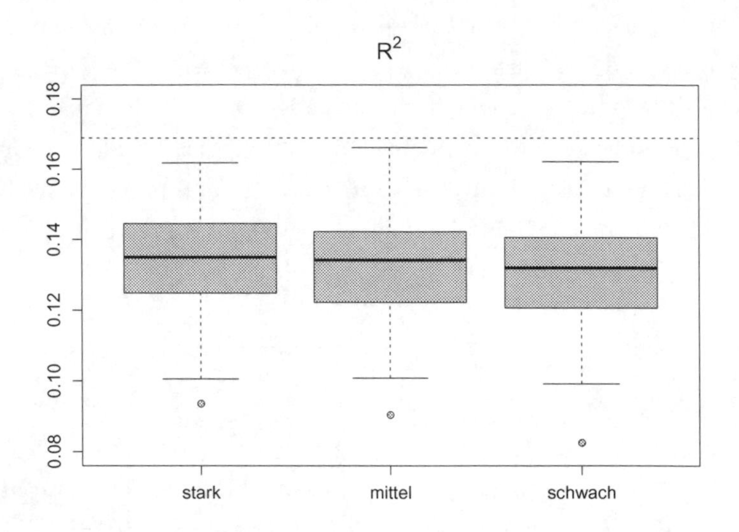

Abb. 5.10: Boxplots der Bestimmtheitsmaße R^2 der linearen Regression von Szenario 5. Eingezeichnet ist zusätzlich der gemittelte wahre Wert von R^2 (gestrichelte Linie).

ken, mittleren und schwachen Effekten sind in Abbildung 5.10 in Form von Boxplots dargestellt. Der wahre Wert ist unabhängig von der Stärke der itemmodifizierenden Effekte, unterscheidet sich aber jeweils für jeden der 100 Datensätze. Der Durchschnitt über alle 100 Datensätze liegt bei 0.1689. Dieser ist in Abbildung 5.10 als gestrichelte Linie eingezeichnet.

Wie bereits beim Modell mit einer binären Kovariable (vgl. Abbildung 5.9) weicht der Anteil erklärter Varianz der geschätzten Parameter $\hat{\alpha}$ vom wahren Wert leicht nach unten ab. Im Median liegt das Bestimmtheitsmaß R^2 unabhängig von der Stärke der itemmodifizierenden Effekte bei etwa 0.13.

Die Regressionsmodelle von Simulationsszenario 5 ergeben, dass Kovariable x_1 nicht in allen Fällen als einzige erklärende Kovariable identifiziert werden kann. Es bestätigt sich, dass das Ergebnis der Regression nur marginal von der Stärke und Anzahl der im Modell enthaltenen itemmodifizierenden Effekte γ_i abhängt. Da alle Personen-Parameter θ_p zunächst vollständig durch ein logistisches Regressionsmodell geschätzt werden, kommt es bei der Boosting-Schätzung nicht vor, dass itemmodifizierende Effekte mit grundsätzlichen Fähigkeitsunterschieden verwechselt werden und die Schätzungen $\hat{\theta}_p$ der Boosting-Lösung deutlich von den wahren Werten θ_p abweichen. Auf dieses Resultat kann bereits aus Tabelle 5.6 geschlossen werden, da sich die MSEs der Personen-Parameter für Szenario 5 nur geringfügig von denen für Szenario 2 unterscheiden.

6 Anwendung

Die Boosting-Schätzung zur Modellierung itemmodifizierender Effekte wird in diesem Kapitel auf reale Datensätze angewendet. Anhand der Simulationsergebnisse aus Kapitel 5 soll Rückschluss darauf gezogen werden, wie plausibel die Ergebnisse der Boosting-Schätzung an realen Daten sind.

6.1 Klausur - Multivariate Verfahren

Das erste Anwendungsbeispiel bezieht sich auf eine Klausur zur Statistik-Vorlesung Multivariate Verfahren. Die Klausur besteht aus 18 Aufgaben, die von 57 Studenten bearbeitet wurden. Zur Modellierung itemmodifizierender Effekte werden zwei binäre Kovariablen in Betracht gezogen:

- Geschlecht männlich/weiblich (`gender`)
- Bachelor-Student im Fach Statistik/Master-Student mit Bachelor-Abschluss in einem anderen Fach (`level`)

In Abbildung 6.1 ist das Ergebnis der Klausur und die Verteilung der beiden Kovariablen graphisch dargestellt.
Man sieht, dass die meisten Studenten (48 von 57) nur höchstens die Hälfte der Aufgaben richtig lösen. Der beste Student löst genau 14 Aufgaben korrekt. Die Studenten, die die Vorlesung besuchen, sind großteils Bachelorstudenten im Fach Statistik und etwa zwei Drittel der Studenten ist weiblich (vgl. Abbildung 6.1).
Das Ergebnis der Boosting-Schätzung ist in Abbildung 6.2 dargestellt. Abgetragen sind die Koeffizientenpfade der Parameter der itemmodifizierenden Effekte $\gamma_{1\,\text{gender}}, \ldots, \gamma_{18\,\text{gender}}$ (links) und die Koeffizientenpfade der Parameter der itemmodifizierenden Effekte $\gamma_{1\,\text{level}}, \ldots, \gamma_{18\,\text{level}}$(rechts) in Abhängigkeit der Iteration m. Die Freiheitsgrade zur Berechnung des BIC

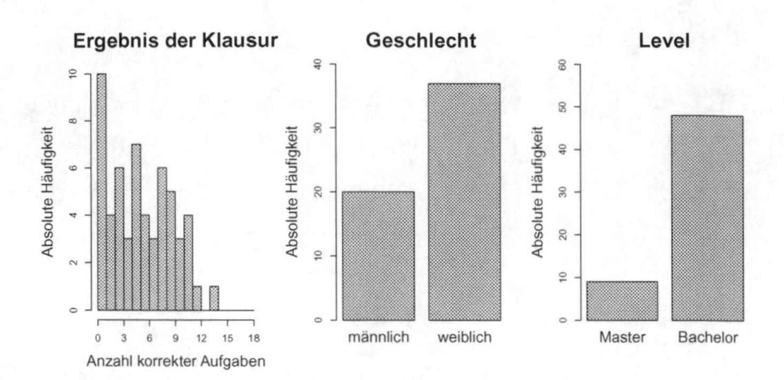

Abb. 6.1: Graphische Darstellung des Ergebnisses der Klausur und der beiden binären Kovariablen der 57 Studenten der Vorlesung.

wurden über die Spur der Hat-Matrix bestimmt (`df_method="trace"`). Die daraus resultierende, optimale Anzahl an Iterationen m^*_{stop} ist jeweils zusätzlich als gestrichelte Linie eingezeichnet.

Aus Abbildung 6.2 wird ersichtlich, dass die Schätzungen der itemmodifizierenden Effekte γ_i nach 200 Iterationen für 10 Items ungleich Null sind. Das BIC mit Berechnung der Freiheitsgrade über die Spur der Hat-Matrix liefert das optimale Modell bei Iteration 0. Zur Modellierung der Daten ist das Rasch-Modell ohne itemmodifizierende Effekte (2.5) ausreichend. Anhand der Ergebnisse der Simulationsstudie (Abschnitt 5.1.4), in der die Selektion itemmodifizierender Effekte bei Berechnung der Freiheitsgrade über die Spur der Hat-Matrix sehr gut funktioniert, ist davon auszugehen, dass tatsächlich keine itemmodifizierenden Effekte im Datensatz vorhanden sind. Die Aufgaben der Klausur sind für alle Gruppen gleich schwer bzw. leicht zu lösen. Ziel des Aufgabenstellers ist es eben genau zu erreichen, dass keine der Aufgaben eine der Subgruppen bevorzugt oder benachteiligt.

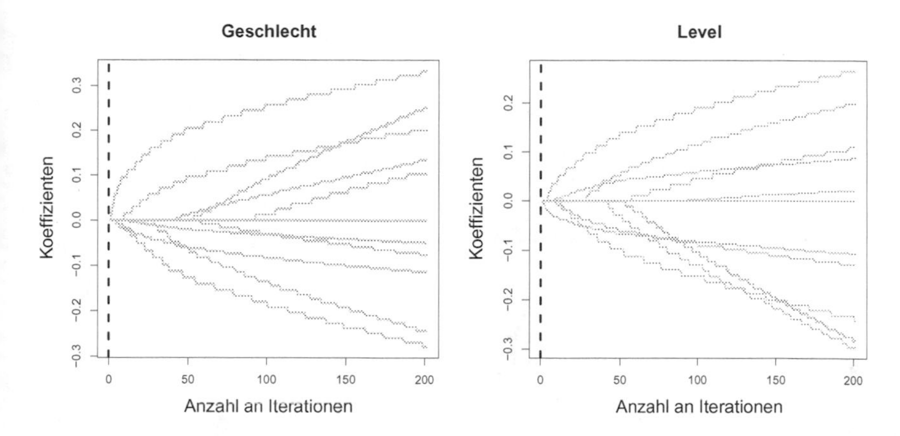

Abb. 6.2: Koeffizientenpfade der Parameter γ_{iq} des Datensatzes zur Klausur in Multivariate Verfahren. Eingezeichnet ist zusätzlich die optimale Anzahl an Iterationen nach dem BIC (gestrichelte Linie).

6.2 Test - Spiegel-Online

Als zweites Beispiel werden Daten eines Allgemeinwissenstests betrachtet, der online vom deutschen Nachrichtenmagazin Spiegel durchgeführt wurde. Der Test besteht insgesamt aus 45 Items der fünf Themengebiete Politik, Geschichte, Wirtschaft, Kultur und Naturwissenschaften. Ein Teildatensatz der Ergebnisse von 1075 bayerischen Studenten ist in `R` im Paket `psychotree` verfügbar:

```
library("psychotree")
data("SPISA")
```

Eine ausführliche Analyse und Diskussion des Original-Datensatzes findet sich in [Trepte und Verbeet, 2010].
Zur Modellierung von itemmodifizierenden Effekten werden fünf Kovariablen berücksichtigt.

Diese sind

- Geschlecht (`gender`)
- Alter in Jahren (`age`)
- Anzahl immatrikulierter Semester (`semester`)
- Faktor, ob die Universität des Studenten Elite-Status besitzt (`elite`)
- Häufigkeit des Besuchs des Spiegel-Online-Magazins (`spon`)

Eine graphische Darstellung des Ergebnisses des Tests (Anzahl korrekt beantworteter Items) und der fünf Kovariablen ist in Abbildung 6.3 zusammengestellt.

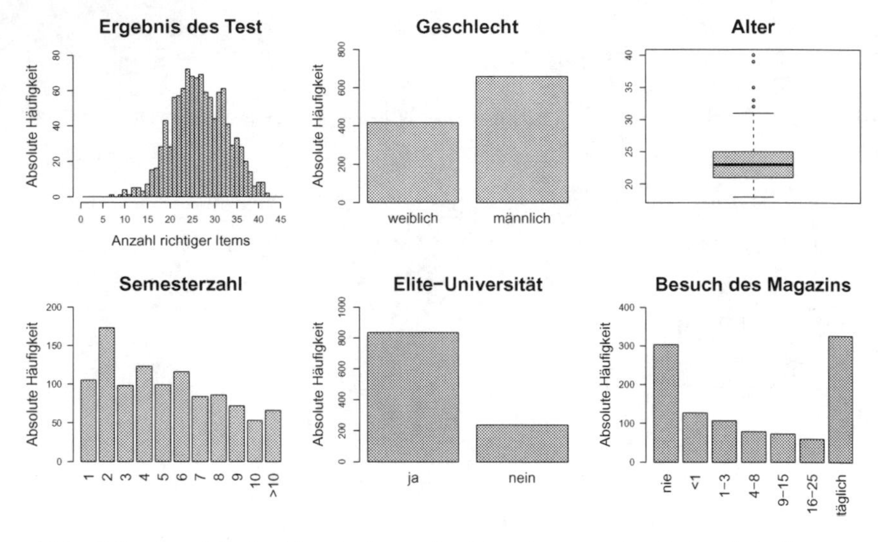

Abb. 6.3: Graphische Darstellung des Ergebnisses des Spiegel-Online-Tests (links oben) und der fünf in Betracht gezogenen Kovariablen.

Die Anzahl korrekt beantworteter Items ist symmetrisch um etwa 25 verteilt. Der schwächste Student beantwortet nur sieben Fragen, der beste Student 42 Fragen korrekt. Im Datensatz sind mehr männliche als weibliche Studenten enthalten, und das zweite Semester ist am häufigsten vertreten. Die meisten Studenten studieren nicht an einer Elite-Universität, und die Studenten sind im Mittel 23 Jahre alt. Es ist auffällig, dass viele Studenten entweder täglich oder nie das Online-Magazin des Spiegels besuchen (vgl. Abbildung 6.3).

Die Komponenten des Rasch-Modells mit itemmodifizierenden Effekten (2.6) sind in der Übersicht:

$$\mathbf{Y} \in \mathbb{R}^{1075 \times 45}, \quad \mathbf{X} \subset \mathbb{R}^{1075 \times 5} \quad \text{und} \quad \mathbf{Z} \in \mathbb{R}^{48375 \times 1118} \tag{6.1}$$

Die Auswertung der Simulation in Abschnitt 5.1 hat gezeigt, dass die Berechnung der Freiheitsgrade des BIC über die Spur der Hat-Matrix mit der Funktion `AIC` aus dem Paket `mboost` mit den zur Verfügung stehenden Rechen- und Speicherkapazitäten nicht möglich ist, falls die Anzahl an Items des betrachteten Modells zu groß ist. Dies war für Szenario 4 mit 40 Items der Fall. Auch der vorliegende Datensatz ist aufgrund der Größe nicht auswertbar, falls man die Freiheitsgrade über die Spur der Hat-Matrix bestimmen möchte. Die Boosting-Schätzung kann daher nur mit Berechnung der Freiheitsgrade des BIC über die aktuelle Anzahl an Parametern im Modell (`df_method="actset"`) durchgeführt werden. In Abbildung 6.4 sind beispielhaft für die Kovariable `spon` die Koeffizientenpfade der Parameter $\gamma_{1\,\text{spon}}, \ldots, \gamma_{45\,\text{spon}}$ in Abhängigkeit der Iteration m abgetragen. Die optimale Anzahl an Iterationen m^*_{stop} ist zusätzlich als gestrichelte Linie eingezeichnet.

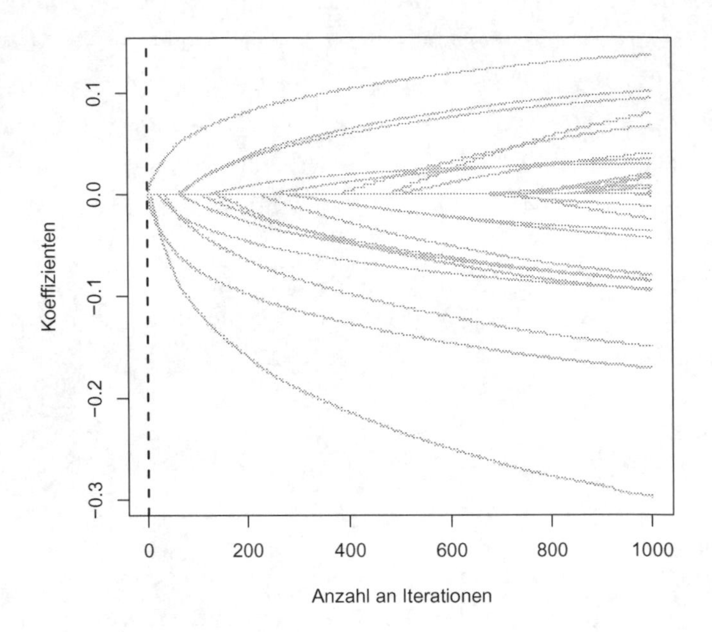

Abb. 6.4: Koeffizientenpfade der Parameter γ_{iq} für Kovariable **spon**. *Eingezeichnet ist zusätzlich die optimale Anzahl an Iterationen nach dem BIC (gestrichelte Linien).*

Wie aus den Ergebnissen der Simulation in Abschnitt 5.1.2 zu sehen ist, funktioniert die Selektion der itemmodifizierenden Effekte bei Bestimmung der Freiheitsgrade über die aktuelle Anzahl an Parametern im Modell nicht, falls die itemmodifzierenden Effekte schwach sind. Im Beispiel-Datensatz erhält man das optimale Modell nach diesem Kriterium bei Iteration 0. Demzufolge genügen alle Items dem einfach binären Rasch-Modell (2.5). Geht man davon aus, dass mögliche Effekte im vorliegenden Datensatz

nicht unbedingt groß sind, so folgt, dass diese Lösung nicht korrekt ist.
Tutz und Schauberger [2013] analysieren denselben Datensatz und modellieren itemmodifizierende Effekte mithilfe der Grouped-Lasso-Penalisierung (vgl. Abschnitt 4.1 und 5.2.1). Anhand dieser Methode werden 17 Items mit itemmodifizierenden Effekten extrahiert. Führt man die Boosting-Schätzung durch, so sind bei Iteration 488 17 Parameter-Vektoren $\boldsymbol{\gamma}_i$ ungleich Null. Abgesehen von einem Item sind dies dieselben Items, die Tutz und Schauberger [2013] mit Grouped-Lasso-Penalisierung extrahieren.
Die Stärke der itemmodifizierenden Effekte kann über die euklidische Norm $\|\boldsymbol{\gamma}_i\| = \sqrt{\gamma_{i1}^2, \ldots, \gamma_{iQ}^2}$ bestimmt werden. Tabelle 6.1 enthält eine Übersicht der Items mit den stärksten geschätzten Effekten, die nach Iteration 488 vorliegen.

Item	$\|\boldsymbol{\gamma}_i\|$
19	0.3699
26	0.2686
23	0.2336

Tabelle 6.1: Euklidische Norm $\|\boldsymbol{\gamma}_i\|$ der drei Items mit den stärksten itemmodifizierenden Effekten nach Iteration 488.

Analog zu den Ergebnissen von Tutz und Schauberger [2013] sind die Items mit den stärksten Effekten aus Tabelle 6.1 Items aus dem Bereich Wirtschaft. Item 19 ist die Frage nach Dieter Zetsche, dem Vorstand von Mercedes-Benz, den gemäß der Schätzung $\hat{\gamma}_{19\,\text{gender}} = -0.2815$ männliche Teilnehmer besser kennen als weibliche Teilnehmer.

7 Fazit

Hauptziel der Arbeit ist es, anhand einer Simulationsstudie die Güte der Boosting-Schätzung zur Modellierung itemmodifizierender Effekte zu untersuchen. Gegenstand der Analysen ist das erweiterte Rasch-Modell mit itemmodifizierenden Effekten (2.11). Stärke dieses Modells ist, dass die betrachteten Kovariablen $\mathbf{x}$ nicht nur binär oder kategorial, sondern auch stetig sein können. Außerdem kann die Anzahl an Kovariablen des Modells beliebig groß sein. Die Stärke der itemmodifizierenden Effekte werden in der Simulation über die Varianz der Item-Parameter $\beta_i + \mathbf{x}_p^\top \boldsymbol{\gamma}_i$ bestimmt. Betrachtet werden Daten mit starken, mittleren und schwachen Effekten.

Das Modell wurde in der Form eines üblichen, logistischen Regressionsmodells dargestellt und mithilfe des Boosting-Algorithmus in zwei Schritten geschätzt. Dies ist notwendig, damit alle Personen- und Item-Parameter des einfachen Rasch-Modells vollständig ins Modell aufgenommen werden und nur die itemmodifizierenden Effekte $\boldsymbol{\gamma}_i$ regularisiert geschätzt werden. Die optimale Anzahl an Iterationen der Boosting-Schätzung wird mithilfe eines BIC bestimmt. Die zugehörigen Freiheitsgrade können über

- die aktuelle Anzahl an Parametern im Modell oder
- die Spur der Hat-Matrix

bestimmt werden. Über eine zusätzliche Threshold-Regel wird festgelegt, wie groß

- die minimale Anzahl an Boosting-Iterationen, in denen der Parametervektor $\boldsymbol{\gamma}_i$ aktualisiert wurde oder
- die minimale Größe des geschätzten Parametervektors $\boldsymbol{\gamma}_i$

mindestens sein muss, damit der Parameter ins endgültige Modell aufgenommen wird.
In einem weiteren Teil der Simulation wurde das Modell mit zusätzlichem Populationseffekt (2.13) betrachtet. Ein grundsätzlicher Fähigkeitsunterschied zwischen Gruppen von Personen wurde in den beiden Simulationsszenarien nur bezüglich einer binären Kovariable modelliert.

Anhand der Simulation können folgende Aussagen getroffen werden:

1. Bestimmt man die Freiheitsgrade des BIC über die aktuelle Anzahl an Parametern im Modell, funktioniert die Selektion relevanter itemmodifizierender Effekte nicht, falls schwache Effekte im Modell vorhanden sind.

2. Bestimmt man die Freiheitsgrade über die Spur der Hat-Matrix, funktioniert die Selektion relevanter itemmodifizierender Effekte gut. Bei der Schätzung ohne zusätzliche Threshold-Regel sind die geschätzt optimalen Modelle jedoch in vielen Fällen zu groß.

3. Mit zusätzlicher Threshold-Regel verringern sich die Anteile falsch-positiver Items bei Berechnung der Freiheitsgrade über die Spur der Hat-Matrix deutlich, und man erhält optimale Selektionsergebnisse.

4. Die besten Selektionsergebnisse erhält man, falls die minimale Größe der geschätzten Parametervektoren γ_i als Threshold-Kriterium verwendet wird.

5. Der Rechenaufwand für die Berechnung der Spur der Hat-Matrix ist mit den zur Verfügung stehenden Rechen- und Speicherkapazitäten deutlich zu hoch. Ist die Anzahl an Items des Modells zu groß, ist die Berechnung gar nicht mehr möglich. Dies ist für Simulationsszenario 4 mit 40 Items der Fall.

6. Ein Vergleich zeigt, dass die optimalen Selektionsergebnisse der Boosting-Schätzung besser sind als die Ergebnisse der DIF-Lasso-Schätzung.

7. Für den Vergleich mehrerer Gruppen bzgl. einer mehrkategorialen Kovariable sind die optimalen Selektionsergebnisse der Boosting-Schätzung genauso gut, wie die Ergebnisse existierender Methoden.

8. Die Boosting-Schätzungen des Modells mit einer binären Kovariable ergeben deutlich schlechtere Selektionsergebnisse als die Schätzungen aller anderen Simulationsszenarien mit jeweils fünf Kovariablen. Das Maß für die Stärke der itemmodifizierenden Effekte, wie es in dieser Arbeit definiert ist, ist daher als problematisch anzusehen.

9. Die lineare Regression zur Extrahierung des globalen Populationseffekts, der in Modell (2.13) durch den Parameter γ ausgedrückt wird, funktioniert gut. Die Parameterschätzungen der binären Kovariablen $\hat{\alpha}$ sind signifikant und der Anteil erklärter Varianz der geschätzten Modelle kommt nahe an den wahren Wert heran.

10. Die Ergebnisse der linearen Regressionsmodelle sind unabhängig von den itemmodifizierenden Effekten γ_i. Dies ist darauf zurückzuführen, dass alle Personen-Parameter im ersten Schritt vollständig geschätzt werden und somit der grundsätzliche Fähigkeitsunterschied nicht mit itemmodifizierenden Effekten verwechselt wird.

Die Anwendung der Schätzung auf die Daten des Spiegel-Online-Tests ergibt bei Berechnung der Freiheitsgrade über die aktuelle Anzahl an Parametern im Modell als Ergebnis das einfache Rasch-Modell. Dies bestätigt das Ergebnis der Simulation, dass die Selektion in diesem Fall nicht funktioniert. Die Spur der Hat-Matrix lässt sich aufgrund der Anzahl an Items des Tests nicht berechnen. Die Boosting-Schätzung ist auf diesen Datensatz nicht sinnvoll anwendbar.

Insgesamt ergibt die Analyse, dass die Modellierung itemmodifizierender Effekte mithilfe des vorgestellten Boosting-Algorithmus nur mit sehr hohem Rechenaufwand gute Ergebnisse liefert und auf große Modelle gar nicht anwendbar ist. Um die Performance der Schätzung zu verbessern, ist in weiteren Arbeiten eine Modifikation des Algorithmus im Bezug auf die Bestimmung des optimalen Modells notwendig.

Literaturverzeichnis

Boulesteix, A.-L. und Hothorn, T. (2010). Testing the additional predictive value of high-dimensional molecular data. *BioMed Central Bioinformatics*, 11:78.

Bühlmann, P. und Hothorn, T. (2007). Boosting alogrithms: Regularization, prediction and model fitting. *Statistical Science*, 22(4):477–505.

Fahrmeir, L., Kneib, T., und Lang, S. (2009). *Regression - Modelle, Methoden und Anwendung*. Springer.

Fahrmeir, L., Künstler, R., Pigeot, I., und Tutz, G. (2003). *Statistik: der Weg zur Datenanalyse*. Springer.

Friedman, J., Hastie, T., und Tibshirani, R. (2000). Additive logistic regression: a statistical view of boosting. *Annals of Statistics*, 28(2):337–407.

Friedman, J., Hastie, T., und Tibshirani, R. (2010). Regularization paths for generalized linear models via coordinate descent. *Journal of Statistical Software*, 33:1–22.

Hastie, T., Tibshirani, R., und Friedman, J. (2009). *The Elements of Statistical Learning*. Springer.

Hothorn, T., Buehlmann, P., Kneib, T., Schmid, M., und Hofner, B. (2013). *Model-Based Boosting*. R package version 2.2-2.

Magis, D., Beland, S., und Raiche, G. (2013). *difR: Collection of methods to detect dichotomous differential item functioning (DIF) in psychometrics*. R package version 4.5.

Magis, D., Béland, S., Tuerlinckx, F., und de Boeck, P. (2010). A general framework and an r package for the detection of dichotomous differential item functioning. *Behavior Research Methods*, 42(3):847–862.

Magis, D., Raîche, G., Béland, S., und Gérard, P. (2011). A generalized logistic regression procedure to detect differential item functioning among multiple groups. *International Journal of Testing*, 11(4):365–386.

Osterlind, S. J. und Everson, H. T. (2009). *Differential Item Functioning*, volume 161. Sage Publications, Inc., Düsseldorf.

R Core Team (2013). *R: A Language and Environment for Statistical Computing*. R Foundation for Statistical Computing, Vienna, Austria.

Rasch, G. (1960). *Probabalistic models for some intelligence and attainment tests*. Danish Institute for Educational Research.

Rost, J. und Spada, H. (1982). *Handbuch der Pädagogischen Diagnostik. Band 1*. Schwann, Düsseldorf.

Strobl, C. (2010). *Das Rasch-Modell - Eine verständliche Einführung für Studium und Praxis*. Rainer Hampp Verlag.

Trepte, S. und Verbeet, M. (2010). *Allgemeinbildung in Deutschland – Erkenntnisse aus dem SPIEGEL Studentenpisa-Test*. VS Verlag, Wiesbaden.

Tutz, G. und Schauberger, G. (2013). A penalty approach to differential item functioning. Institut für Statistik, LMU München.

A Weitere graphische Auswertungen

Geschätzte Item-Parameter $\hat{\beta}_i$ der Boosting-Schätzung mit den besten Selektionsergebnissen

- Berechnung der Freiheitsgrade über die Spur der Hat-Matrix (trace)
- Threshold-Regel über die euklidische Norm der Parametervektoren γ_i (size)

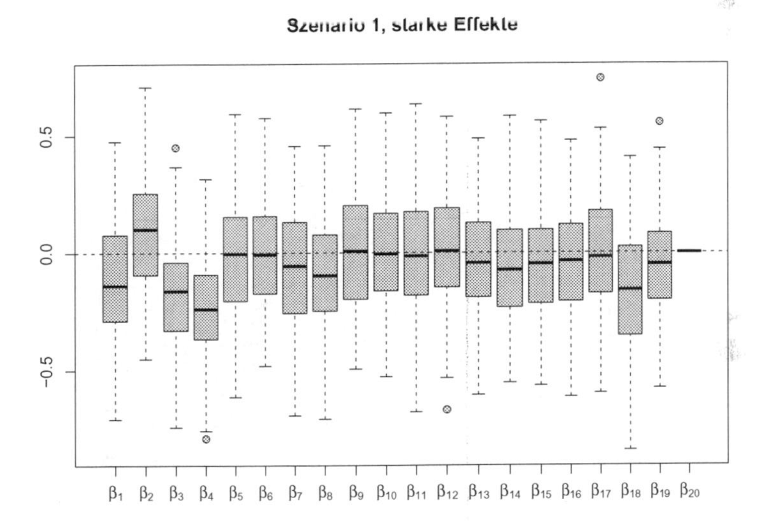

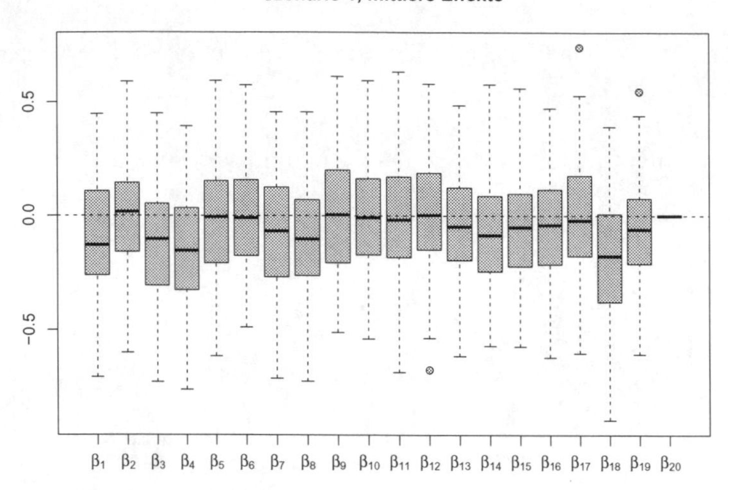
Szenario 1, mittlere Effekte
0.5
0.0
-0.5
β_1 β_2 β_3 β_4 β_5 β_6 β_7 β_8 β_9 β_{10} β_{11} β_{12} β_{13} β_{14} β_{15} β_{16} β_{17} β_{18} β_{19} β_{20}

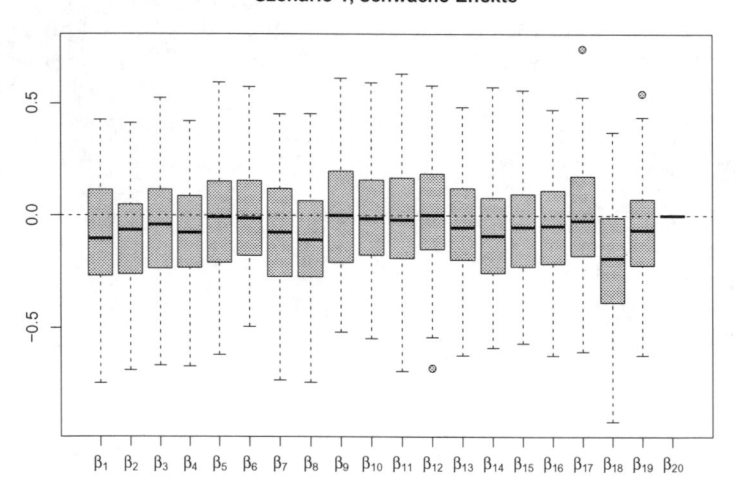
Szenario 1, schwache Effekte
0.5
0.0
-0.5
β_1 β_2 β_3 β_4 β_5 β_6 β_7 β_8 β_9 β_{10} β_{11} β_{12} β_{13} β_{14} β_{15} β_{16} β_{17} β_{18} β_{19} β_{20}

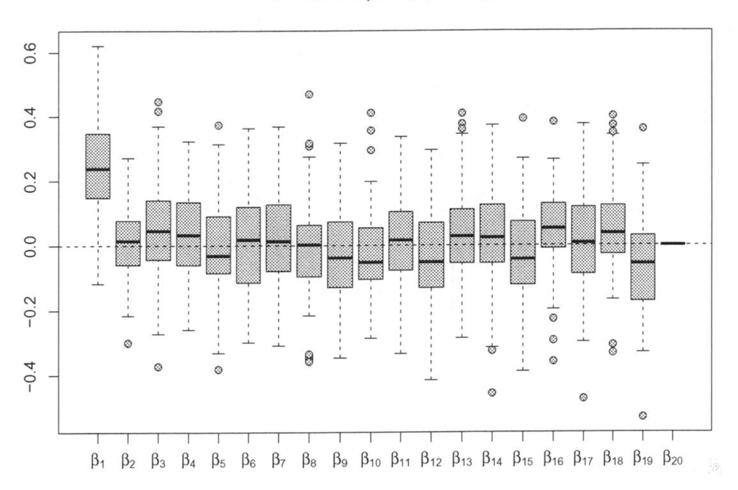

Szenario 2, starke Effekte
0.6
0.4
0.2
0.0
-0.2
-0.4
β_1 β_2 β_3 β_4 β_5 β_6 β_7 β_8 β_9 β_{10} β_{11} β_{12} β_{13} β_{14} β_{15} β_{16} β_{17} β_{18} β_{19} β_{20}

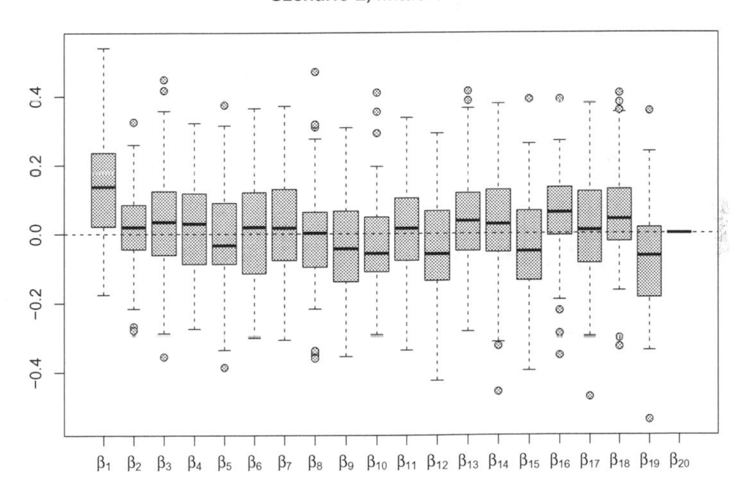

Szenario 2, mittlere Effekte
0.4
0.2
0.0
-0.2
-0.4
β_1 β_2 β_3 β_4 β_5 β_6 β_7 β_8 β_9 β_{10} β_{11} β_{12} β_{13} β_{14} β_{15} β_{16} β_{17} β_{18} β_{19} β_{20}

Szenario 2, schwache Effekte

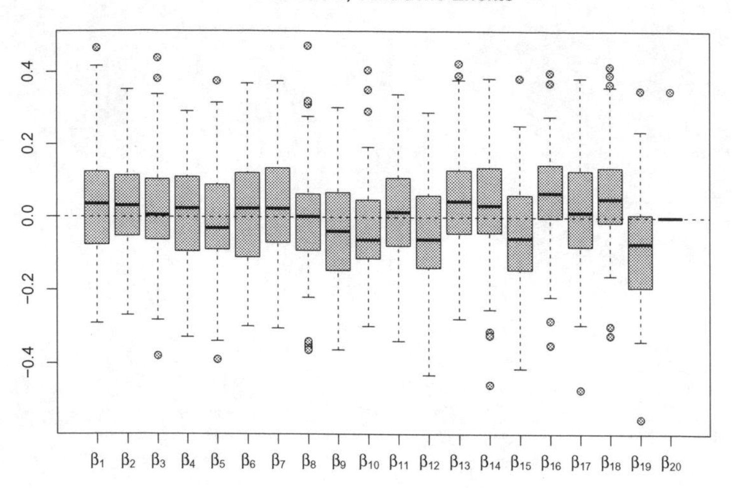

Szenario 3, starke Effekte

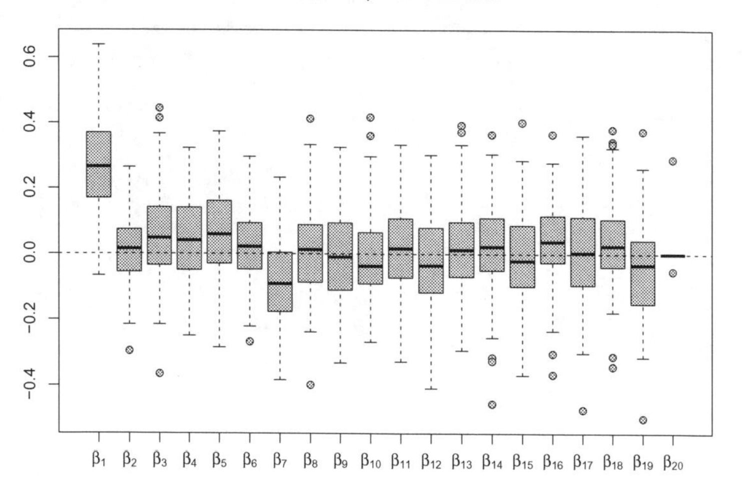

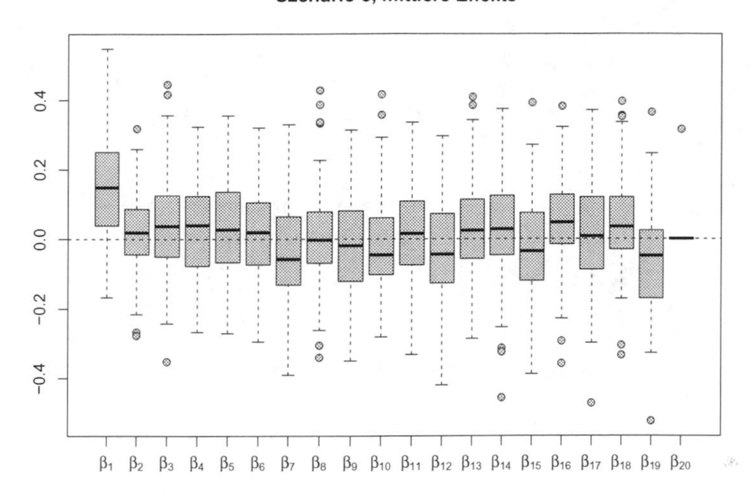
Szenario 3, mittlere Effekte
0.4
0.2
0.0
-0.2
-0.4
β_1 β_2 β_3 β_4 β_5 β_6 β_7 β_8 β_9 β_{10} β_{11} β_{12} β_{13} β_{14} β_{15} β_{16} β_{17} β_{18} β_{19} β_{20}

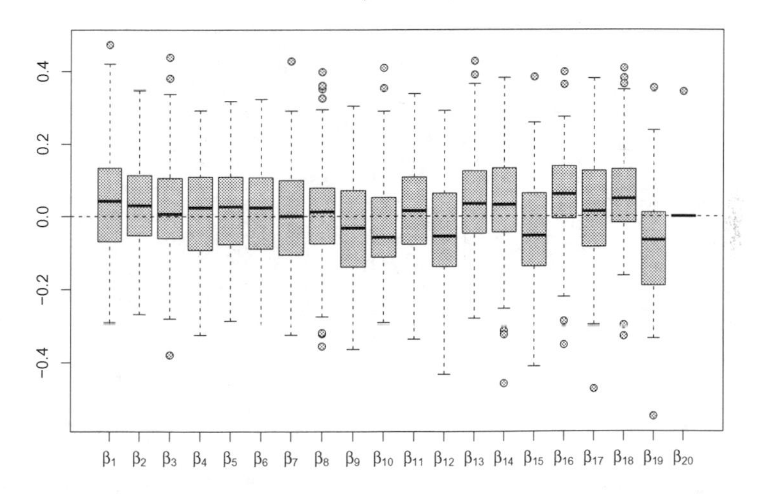
Szenario 3, schwache Effekte
0.4
0.2
0.0
-0.2
-0.4
β_1 β_2 β_3 β_4 β_5 β_6 β_7 β_8 β_9 β_{10} β_{11} β_{12} β_{13} β_{14} β_{15} β_{16} β_{17} β_{18} β_{19} β_{20}

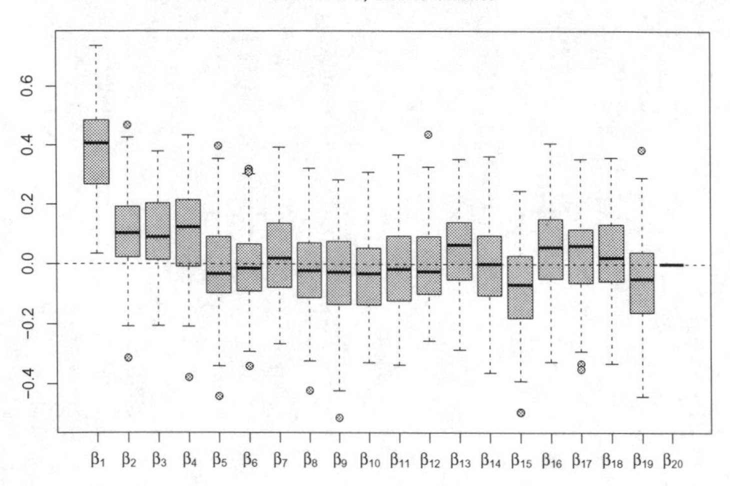
Szenario 5, starke Effekte
0.6
0.4
0.2
0.0
-0.2
-0.4
β1 β2 β3 β4 β5 β6 β7 β8 β9 β10 β11 β12 β13 β14 β15 β16 β17 β18 β19 β20

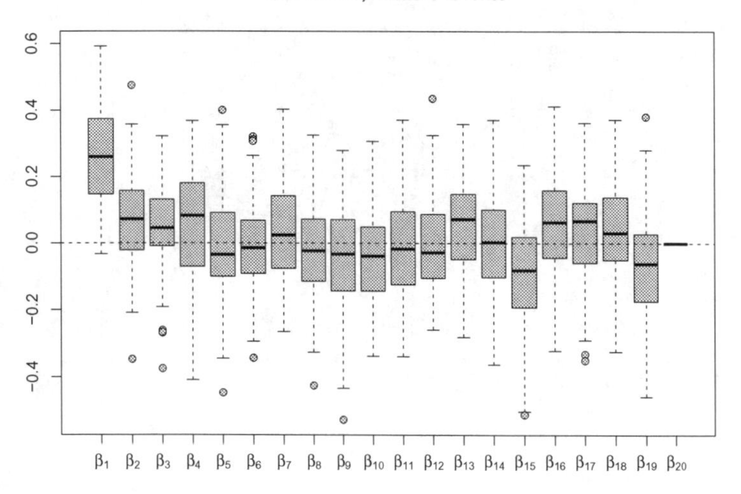
Szenario 5, mittlere Effekte
0.6
0.4
0.2
0.0
-0.2
-0.4
β1 β2 β3 β4 β5 β6 β7 β8 β9 β10 β11 β12 β13 β14 β15 β16 β17 β18 β19 β20

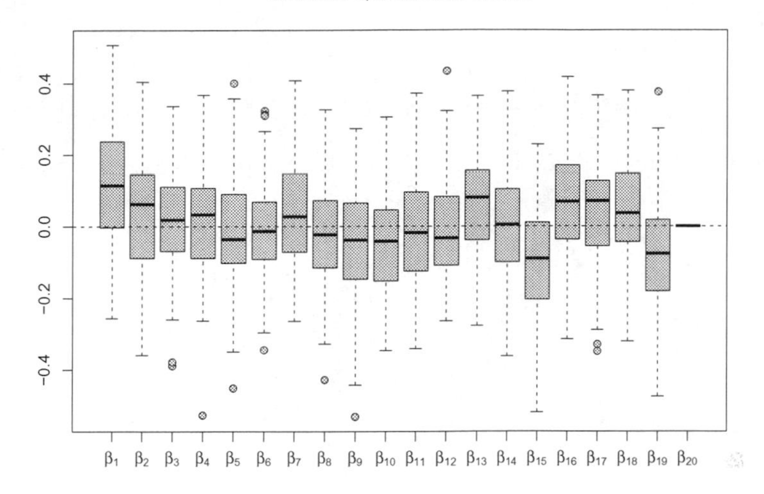
Szenario 5, schwache Effekte
0.4
0.2
0.0
-0.2
-0.4
β1 β2 β3 β4 β5 β6 β7 β8 β9 β10 β11 β12 β13 β14 β15 β16 β17 β18 β19 β20

Geschätzte Itemmodifizierenden Effekte γ_{iq} der Boosting-Schätzung mit den besten Selektionsergebnissen

- Berechnung der Freiheitsgrade über die Spur der Hat-Matrix (trace)
- Threshold-Regel über die euklidische Norm der Parametervektoren $\boldsymbol{\gamma}_i$ (size)

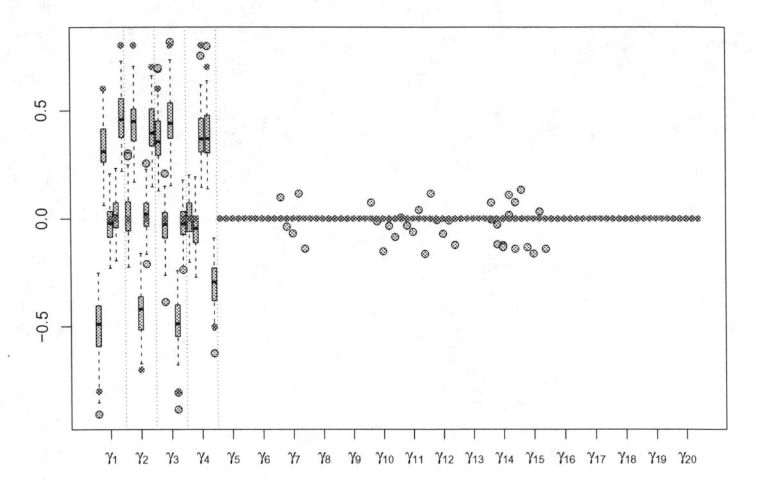

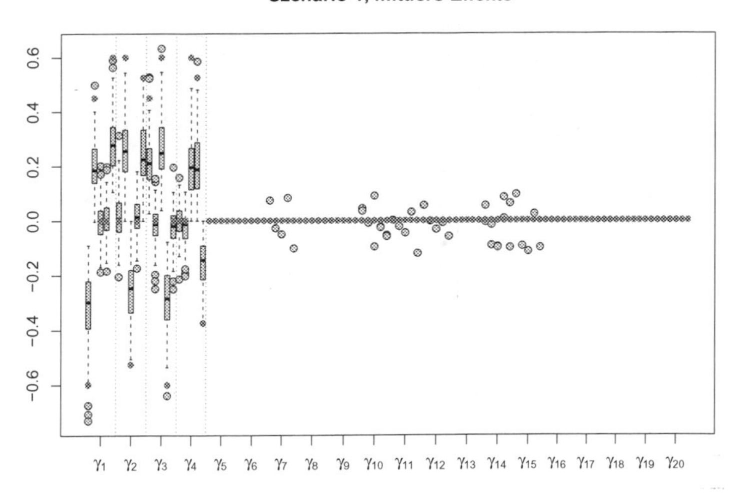
Szenario 1, mittlere Effekte
0.6
0.4
0.2
0.0
−0.2
−0.4
−0.6
γ1 γ2 γ3 γ4 γ5 γ6 γ7 γ8 γ9 γ10 γ11 γ12 γ13 γ14 γ15 γ16 γ17 γ18 γ19 γ20

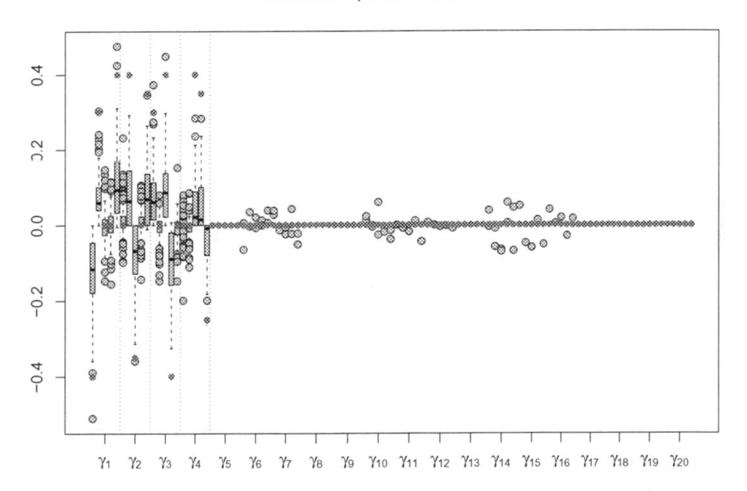
Szenario 1, schwache Effekte
0.4
0.0
−0.2
−0.4
γ1 γ2 γ3 γ4 γ5 γ6 γ7 γ8 γ9 γ10 γ11 γ12 γ13 γ14 γ15 γ16 γ17 γ18 γ19 γ20

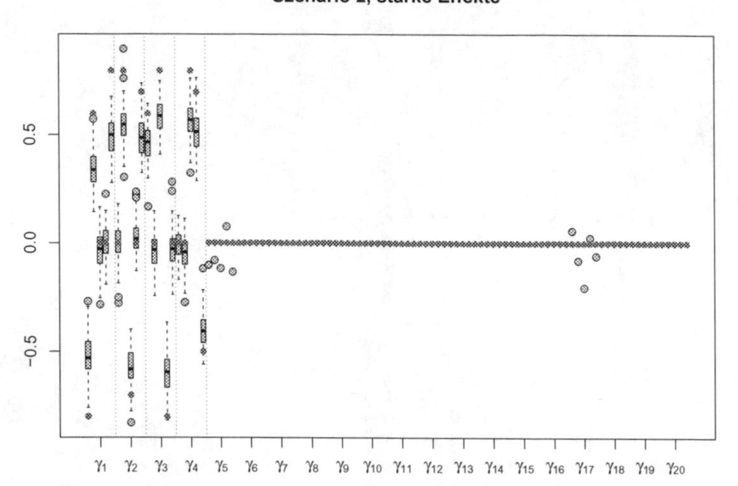
Szenario 2, starke Effekte
0.5
0.0
−0.5
γ1 γ2 γ3 γ4 γ5 γ6 γ7 γ8 γ9 γ10 γ11 γ12 γ13 γ14 γ15 γ16 γ17 γ18 γ19 γ20

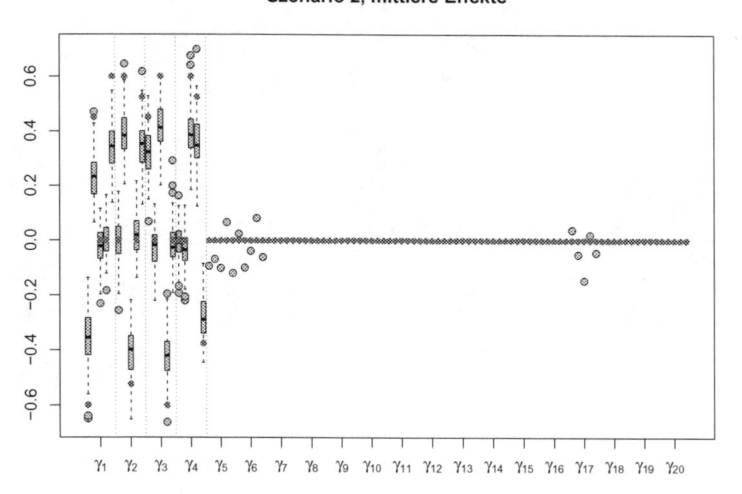
Szenario 2, mittlere Effekte
0.6
0.4
0.2
0.0
−0.2
−0.4
−0.6
γ1 γ2 γ3 γ4 γ5 γ6 γ7 γ8 γ9 γ10 γ11 γ12 γ13 γ14 γ15 γ16 γ17 γ18 γ19 γ20

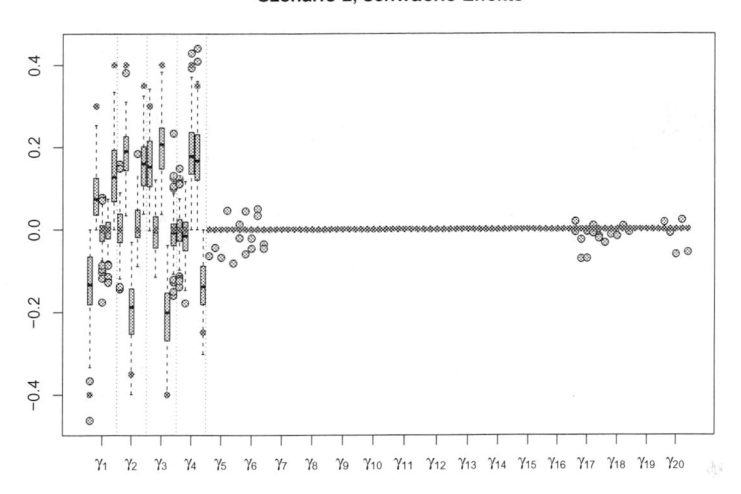
Szenario 2, schwache Effekte
0.4
0.2
0.0
-0.2
-0.4
γ1 γ2 γ3 γ4 γ5 γ6 γ7 γ8 γ9 γ10 γ11 γ12 γ13 γ14 γ15 γ16 γ17 γ18 γ19 γ20

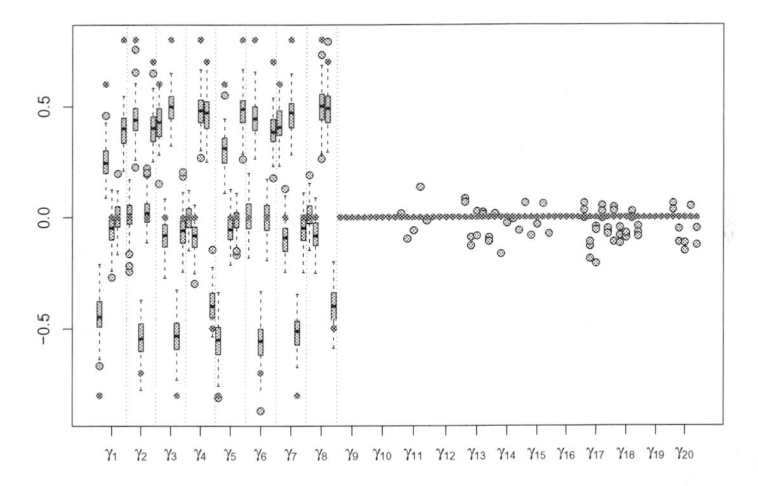
Szenario 3, starke Effekte
0.5
0.0
-0.5
γ1 γ2 γ3 γ4 γ5 γ6 γ7 γ8 γ9 γ10 γ11 γ12 γ13 γ14 γ15 γ16 γ17 γ18 γ19 γ20

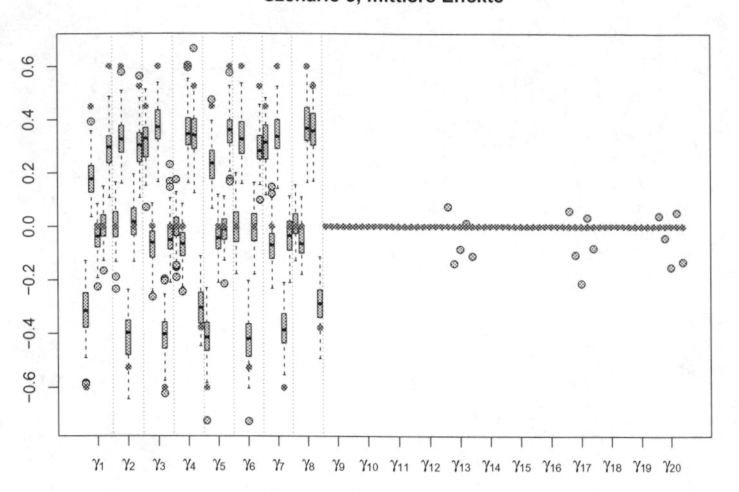
Szenario 3, mittlere Effekte
0.6
0.4
0.2
0.0
−0.2
−0.4
−0.6
γ1 γ2 γ3 γ4 γ5 γ6 γ7 γ8 γ9 γ10 γ11 γ12 γ13 γ14 γ15 γ16 γ17 γ18 γ19 γ20

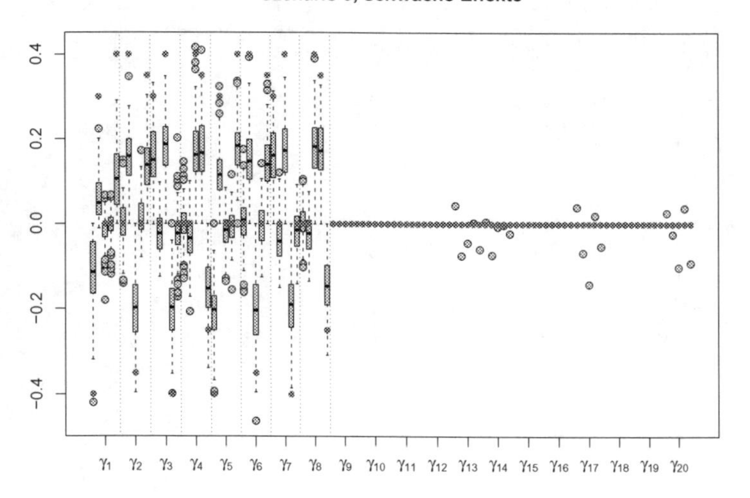
Szenario 3, schwache Effekte
0.4
0.2
0.0
−0.2
−0.4
γ1 γ2 γ3 γ4 γ5 γ6 γ7 γ8 γ9 γ10 γ11 γ12 γ13 γ14 γ15 γ16 γ17 γ18 γ19 γ20

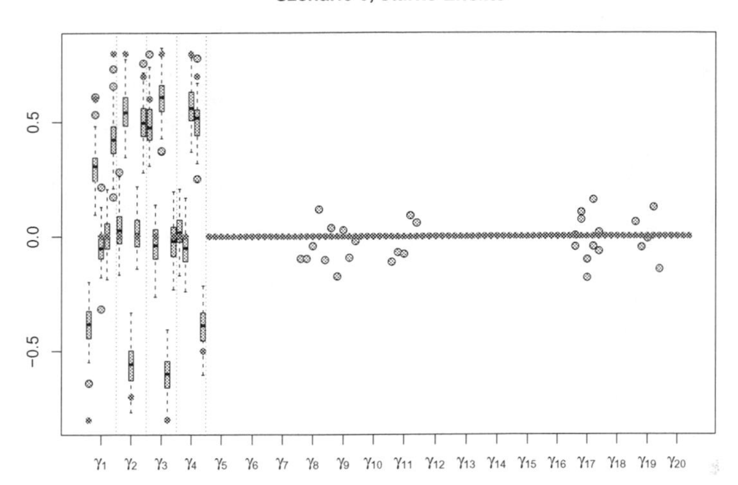
Szenario 5, starke Effekte
0.5
0.0
−0.5
γ1 γ2 γ3 γ4 γ5 γ6 γ7 γ8 γ9 γ10 γ11 γ12 γ13 γ14 γ15 γ16 γ17 γ18 γ19 γ20

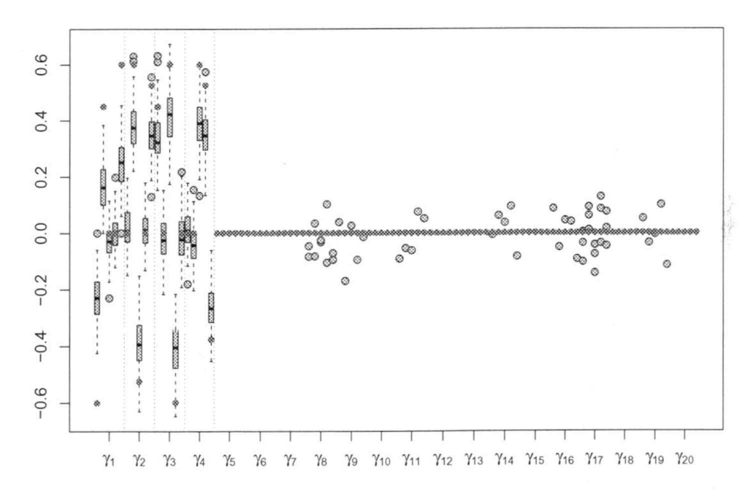
Szenario 5, mittlere Effekte
0.6
0.4
0.2
0.0
−0.2
−0.4
−0.6
γ1 γ2 γ3 γ4 γ5 γ6 γ7 γ8 γ9 γ10 γ11 γ12 γ13 γ14 γ15 γ16 γ17 γ18 γ19 γ20

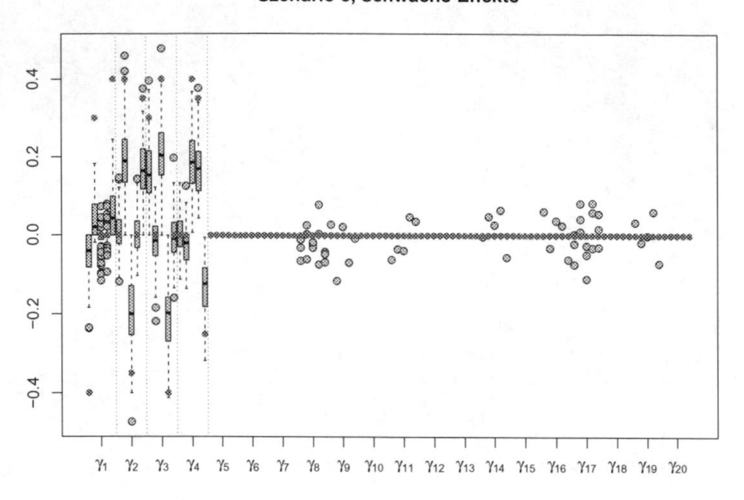
Szenario 5, schwache Effekte
0.4
0.2
0.0
−0.2
−0.4
γ1 γ2 γ3 γ4 γ5 γ6 γ7 γ8 γ9 γ10 γ11 γ12 γ13 γ14 γ15 γ16 γ17 γ18 γ19 γ20

Geschätzte Item-Parameter $\hat{\beta}_i$ für Szenario 4 der Simulation

- Berechnung der Freiheitsgrade über die aktuelle Anzahl an Parametern (actset)
- keine Threshold-Regel

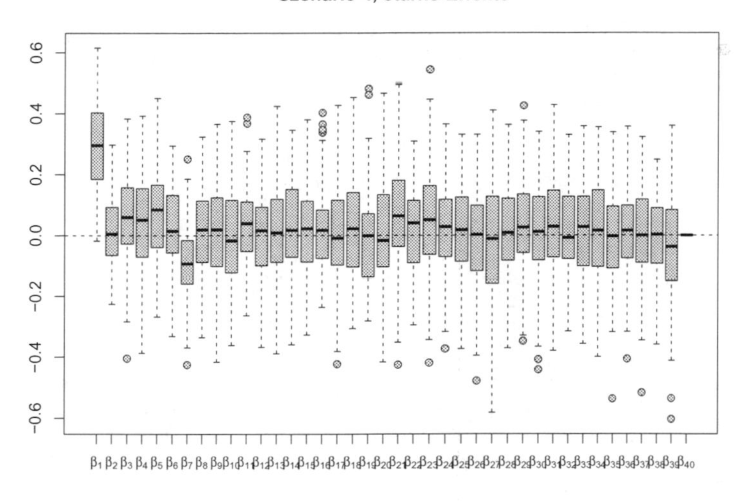

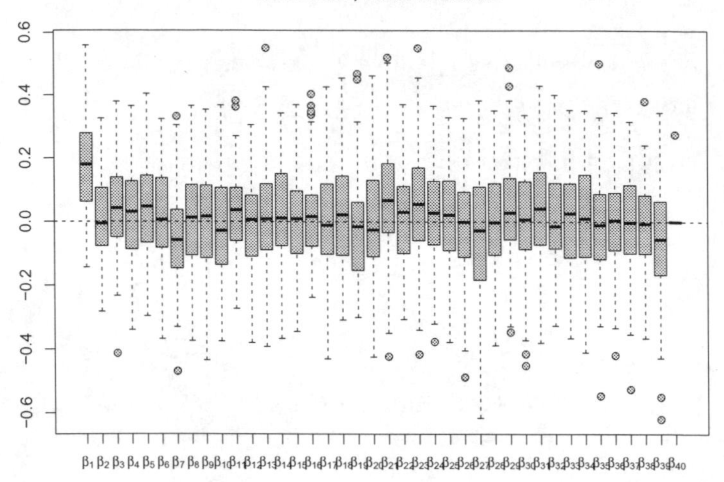

Szenario 4, schwache Effekte

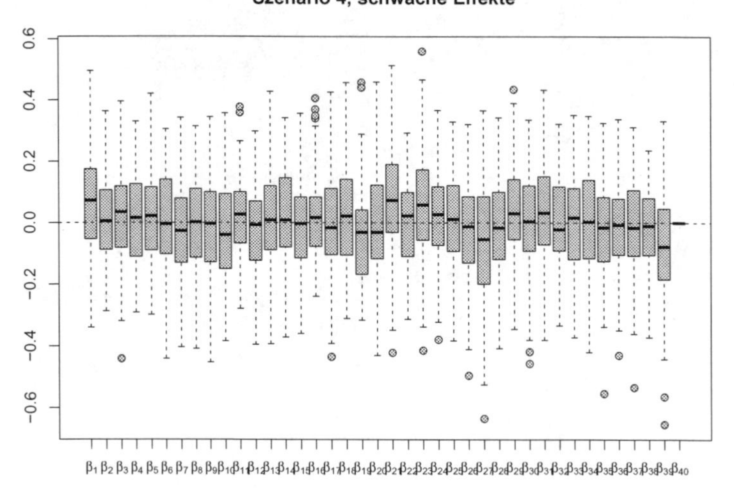

Geschätzte Itemmodifizierenden Effekte γ_{iq} für Szenario 4 der Simulation

- Berechnung der Freiheitsgrade über die aktuelle Anzahl an Parametern (actset)
- keine Threshold-Regel

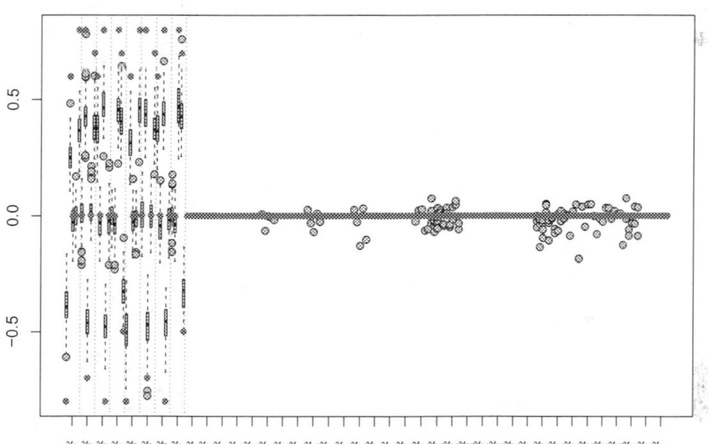

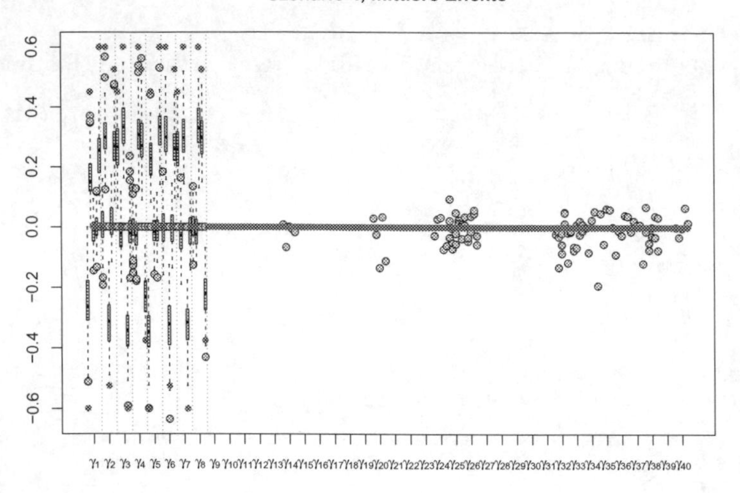
Szenario 4, mittlere Effekte
0.6
0.4
0.2
0.0
−0.2
−0.4
−0.6

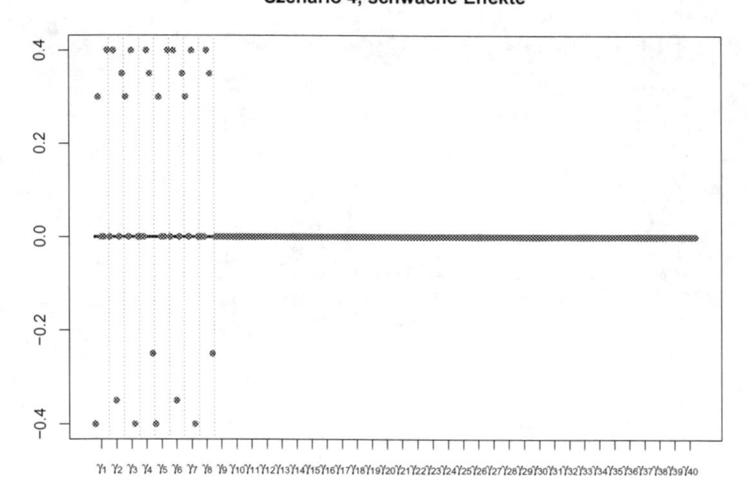
Szenario 4, schwache Effekte
0.4
0.2
0.0
−0.2
−0.4

B Verfügbare Dateien

Auf der CD, die der Arbeit begelegt wurde, befinden sich die Arbeit im PDF-Format und zwei Dateiordner:

- **R-Code:** Beinhaltet den erzeugten R-Code (alle Dateien mit Dateiendung .R) und die gespeicherten Ergebnisse (alle Dateien mit Dateiendung .RData).
- **Graphiken:** Beinhaltet alle für die Arbeit erstellten Graphiken (im PDF-Format).

Folgende Übersicht beinhaltet eine Aufstellung der verfügbaren Unterordner mit einer kurzen Beschreibung der jeweiligen Inhalte.

R-Code:

Beispiele	Berechnung und Auswertung der Boosting-Ergebnisse der beiden Anwendungsbeispiele aus Kapitel 6

Simulation	
Auswertung	Auswertung der Boosting-Ergebnisse der Simulationsszenarien 1 bis 5
Daten	Erstellung und Speicherung der Datensätze der Simulationsszenarien 1 bis 5
Ergebnisse_act	Berechnung der Boosting-Ergebnisse der Simulationsszenarien 1 bis 5 mit `df_method=actset`
Ergebnisse_trace	Berechnung der Boosting-Ergebnisse der Simulationsszenarien 1, 2, 3 und 5 mit `df_method=trace`

Resultate	Ergebnisse der Boosting-Schätzungen der Simulationsszenarien 1 bis 5
Save_dfs	Berechnung und Speicherung der Freiheitsgrade der Simulationsszenarien 1, 2, 3 und 5 mit `df_method=trace`
Useful_functions	Hilfsfunktionen zur Berechnung und Auswertung der Boosting-Schätzungen
Vergleich	Berechnung und Auswertung der Boosting-Schätzung für den Vergleich mehrerer Gruppen aus Abschnitt 5.2.2
Zwei_Gruppen	Berechnung und Auswertung der Boosting-Schätzung und der linearen Regressionsmodelle aus Abschnitt 5.3
boostIME.R	Hauptfunktion zur Durchführung der Boosting-Schätzung
Graphiken.R	R-Code für die Erstellung der Graphiken der Arbeit
Hinweise.pdf	Hinweise zur Verwendung der verfügbaren R-Programme

C Auszüge des R-Codes und Outputs

Ausschnitt aus Datensatz 1 des ersten Simulationsszenarios mit starken Effekten:

```
> load("./Daten/datasets_set1.RData")

> Y <- data_set1$strong[[1]]$Y
> Y[1:5,1:10]
     [,1] [,2] [,3] [,4] [,5] [,6] [,7] [,8] [,9] [,10]
[1,]    0    1    1    0    0    1    1    1    1     1
[2,]    0    1    1    0    0    0    0    0    0     0
[3,]    0    1    0    0    1    0    1    1    1     1
[4,]    1    1    0    1    0    0    1    1    0     1
[5,]    0    1    0    0    0    0    1    1    0     0

> DM_kov <- data_set1$strong[[1]]$DM_kov
> DM_kov[1:5,]
             x1          x2         x3          x4         x5
[1,] -0.9900457  0.71027987 -0.6909217  0.15988445 -1.3663358
[2,] -0.9900457 -0.06612265  1.4415527 -0.19614272 -0.7938377
[3,]  1.0060142 -0.03064156 -0.6909217 -1.03953370 -1.1743757
[4,]  1.0060142 -0.66661728 -0.6909217  0.09707504  0.6283364
[5,] -0.9900457 -0.31369460 -0.6909217  1.02984562 -1.2122486
```

Durchführung der Boosting-Schätzung für den ersten Datensatz von Szenario 1 mit starken Effekten durch die Funktion `boostIME` mit einer möglichen Parameter-Kombination:

```
> boost <- boostIME(Y,DM_kov,mstop=500,df_method="actset",
                    thresh_method="no_thresh")
```

Die Funktion `boostIME` gibt folgende Werte zurück:

```
> attributes(boost)
  $names
  [1] "model"     "coefs"           "mstop"           "thresh"
  [5] "BICs"      "npersons_valid"  "referenz_item"
```

....

Matrix der zwölf möglichen Parameter-Kombinationen der Schätzung (auszugsweise):

```
> szenarios
        df       thresh       dif
   [1,] "actset" "no_thresh" "s"
   ...
   [9,] "actset" "size_quad" "w"
  [10,] "trace"  "no_thresh" "s"
  ...
  [18,] "trace"  "size_quad" "w"
```

Berechnung der Boosting-Lösung für den ersten Datensatz von Szenario 1 mit Parameter-Kombination 1 durch die Funktion `calc_boost`:

```
> boost <- calc_boost(data_set1,sz=1,n=1,c(700,600,500))
```

Die Funktion `calc_boost` gibt folgende Werte zurück:

```
> attributes(boost)
  $names
  [1] "theta"          "beta"           "gamma"          "true_pos"
  [5] "false_pos"      "mstop"          "thresh"         "npersons_n"
  [9] "referenz_item"
```

Geschätzte Koeffizienten β_i:

```
> boost$beta
       beta1      beta2      beta3      beta4      beta5      beta6
  -1.6133246 -2.8407384 -1.0953543 -0.7576976 -0.6128823 -1.0300583
       beta7      beta8      beta9     beta10     beta11     beta12
  -1.7937692 -2.2369886 -1.0300583 -1.6334425 -0.8277188 -0.4076119
      beta13     beta14     beta15     beta16     beta17     beta18
  -1.1169168 -2.0744597 -0.7340246 -1.2862880 -0.7101753 -3.1050197
      beta19     beta20
  -2.0542995  0.0000000
```

Geschätzte Koeffizienten γ_i der Items mit itemmodifizierenden Effekten:

```
> boost$gamma[1:20]
     gamma11     gamma12     gamma13     gamma14     gamma15
 -0.66344193  0.42702160 -0.12748959  0.12690549  0.41183193
     gamma21     gamma22     gamma23     gamma24     gamma25
  0.04084752  0.35345265 -0.28302904 -0.01116281  0.25751359
     gamma31     gamma32     gamma33     gamma34     gamma35
  0.38093726  0.11144642  0.48893214 -0.42173209  0.08104063
     gamma41     gamma42     gamma43     gamma44     gamma45
  0.04462797 -0.02591759  0.14713254  0.18633666 -0.07285975
```

....

Berechnung der Boosting-Lösung für zwei Datensätze von Szenario 1 mit Parameter-Kombination 1 durch die Funktion `calc_erg`:

```
> boost <- calc_erg(data_set1,sz=1,sequenz=c(1,2),c(700,600,500))
```

Verwendete Parameter-Kombination:

```
> boost$sz
  $sz
  [1] "dif_strength=s ; df_method=actset ; thresh_method=no_thresh"
```

Betrachtete Datensätze:

```
> boost$IDs
  $IDs
  [1] 1 2
```

Geschätzte Koeffizienten γ_i der Items mit itemmodifizierenden Effekten:

```
> boost$gamma_hat[,1:20]
        gamma11   gamma12    gamma13   gamma14   gamma15    gamma21
[1,] -0.6634419 0.4270216 -0.1274896 0.1269055 0.4118319 0.04084752
[2,]  0.0000000 0.0000000  0.0000000 0.0000000 0.0000000 0.00000000
       gamma22   gamma23     gamma24   gamma25   gamma31   gamma32
[1,] 0.3534526 -0.283029 -0.01116281 0.2575136 0.3809373 0.1114464
[2,] 0.0000000  0.000000  0.00000000 0.0000000 0.0000000 0.0000000
       gamma33    gamma34    gamma35    gamma41     gamma42
[1,] 0.4889321 -0.4217321 0.08104063 0.04462797 -0.02591759
[2,] 0.0000000  0.0000000 0.00000000 0.00000000  0.00000000
       gamma43   gamma44     gamma45
[1,] 0.1471325 0.1863367 -0.07285975
[2,] 0.0000000 0.0000000  0.00000000
```

Anteil richtig-positiver Items:

```
> boost$true_positive
  $true_positive
  [1] 1 0
```

Anteil falsch-positiver Items:

```
> boost$false_positive
  $false_positive
  [1] 0 0
```

Parallele Berechnung der Boosting-Lösung von Szenario 1
für alle neun Parameter-Kombinationen mit `df_method=actset` durch die Funktion `calc_erg`:

```
> library("foreach")
> library("doParallel")
> registerDoParallel(makeCluster(9))

> erg_set1_act <- foreach(j=seq(1,9)) %dopar% {
  calc_erg(data_set1,j,sequenz=seq(1,100),mstop)
}
```

Ergebnis ist eine Liste mit neun Elementen der jeweils folgenden Struktur:

```
> str(erg_set1_act[[1]])
  List of 10
   $ theta_hat      : num [1:100, 1:250] -1.1 -0.334 -1.771 -1.59 ...
    ..- attr(*, "dimnames")=List of 2
   $ beta_hat       : num [1:100, 1:20] -1.61 -1.41 -0.98 -1.5 ...
    ..- attr(*, "dimnames")=List of 2
   $ gamma_hat      : num [1:100, 1:100] -0.663 0 0 -0.415 0 ...
    ..- attr(*, "dimnames")=List of 2
   $ mstop          : num [1:100] 286 0 0 352 0 0 0 0 215 250 ...
   $ thresh         : num [1:100] 0 0 0 0 0 0 0 0 0 0 ...
   $ referenz_item  : int [1:100] 20 20 20 20 20 20 20 20 20 20 ...
   $ true_positive  : num [1:100] 1 0 0 1 0 0 0 0 1 1 ...
   $ false_positive: num [1:100] 0 0 0 0 0 0 0 0 0 0 ...
   $ sz             : chr "dif_strength=s ; df_method=actset ;
  thresh_method=no_thresh"
   $ IDs            : int [1:100] 1 2 3 4 5 6 7 8 9 10 ...
```

Regression der geschätzten Parameter $\hat{\theta}_p$ auf die Kovariable x für den ersten Datensatz des Simulationsszenarios mit einer binären Kovariable:

```
> boost <- calc_erg(datasets,sz=1,n=1,c(700,600,500))
> theta <- boost$theta
> reg <- lm(theta~DM_kov)
```

Zusammenfassung der Regression:

```
> summary(reg)
  Call:
  lm(formula = theta ~ DM_kov)

  Residuals:
      Min       1Q  Median      3Q     Max
  -3.6463 -0.8169  0.1317  0.8972  2.8432

  Coefficients:
              Estimate Std. Error t value Pr(>|t|)
  (Intercept) -1.43326    0.07700 -18.614  < 2e-16 ***
  DM_kov       0.39096    0.07715   5.067 7.91e-07 ***
  ---
  Signif. codes:  0 *** 0.001 ** 0.01 * 0.05 . 0.1   1

  Residual standard error: 1.215 on 247 degrees of freedom
  Multiple R-squared:  0.09417,        Adjusted R-squared:  0.0905
  F-statistic: 25.68 on 1 and 247 DF,  p-value: 7.911e-07
```